Klaus-Jürgen Kühne

LOKS UND TRIEBWAGEN DER DDR

1949 – 1990

transpress

Einbandgestaltung: Luis dos Santos
Fotos: F. Köhler (gr. Foto), D. Endisch (2; unten)

Bildnachweis: Die Urheber der zur Illustration dieses Buches verwendeten Aufnahmen sind bei den einzelnen Abbildungen vermerkt.

ISBN 978-3-613-71661-2

1. Auflage 2022

Sie finden uns im Internet unter www.transpress.de

Lektor: Hartmut Lange
Innengestaltung: tebitron gmbh, 70839 Gerlingen
Repro: Medien und Printprodukte, 74321 Bietigheim-Bissingen
Druck: Druck und Bindung: Graspo CZ, 76302 Zlin

Printed in Czech Republic

VORWORT

Vor über 30 Jahren verschwand die DDR von der politischen Landkarte. Zahlreiche Dampf-, Diesel- und Elloks der Deutschen Reichsbahn (DR), der Staatsbahn der DDR, sind jedoch bis heute erhalten geblieben. Entweder stehen sie noch in Diensten der Deutschen Bahn AG, werden von Privat- und Werkbahnen genutzt oder erinnern in Museen oder bei Traditionsbahnen an eine längst vergessene Eisenbahnzeit.

Die Beschaffung und der Einsatz der Lokomotiven und Triebwagen bei der DDR waren maßgeblich von der sozialistischen Planwirtschaft mit ihren häufigen Kurswechseln und den oft ideologisch motivierten Eingriffen der Sozialistischen Einheitspartei Deutschlands (SED) bestimmt. Darüber hinaus zwangen fehlende Produktionskapazitäten in der volkseigenen Schienenfahrzeug-Industrie sowie knappe Ressourcen bei Material, Geld und Arbeitskräften die DR immer wieder zu Änderungen in ihren Planungen hinsichtlich des Traktionswechsels. Erst am 29. Oktober 1988 endete auf den Regelspurgleisen der DR die Dampflokzeit.

Dank des Engagements, des technischen Sachverstands und des Improvisationsvermögens der Eisenbahner konnte die DR das enorme Beförderungsaufkommen auf ihren Strecken bewältigen. Um die Lieferengpässe der Schienenfahrzeug-Industrie der DDR kompensieren zu können, baute die DR das Produktionsprofil einiger ihrer Reichsbahnausbesserungswerke erheblich aus. Neben der klassischen Instandsetzung konnten nun auch Lokomotiven und Triebwagen in den eigenen Werkstätten grundlegend modernisiert werden. Bei so manchem Triebfahrzeug ging dies bis hin zum völligen Neubau.

Der vorliegende Typenkompass beschreibt in kompakter Form die wichtigsten von der DR zwischen 1945 und 1990 beschafften bzw. modernisierten Dampf-, Diesel- und Elektroloks einschließlich der Diesel- und Elektrotriebwagen sowie der Triebwagen für die Berliner S-Bahn. Dazu gehören neben den nach dem Zweiten Weltkrieg übernommenen, später umgebauten Kleinloks und Wehrmachtsmaschinen auch die aus der ČSSR, der UdSSR, Ungarn und Rumänien importierten Triebwagen, Diesel- und Elloks. Ein Kapitel stellt die wichtigsten regel- und schmalspurigen Dieselloks für Werk-, Anschluss- und Feldbahnen vor.

Klaus-Jürgen Kühne
Halle (Saale), im August 2022

Fotos (2): Thomas Rieger, Archiv Dirk Endisch

1. DAMPFLOKOMOTIVEN DER DR

2. DIESELLOKOMOTIVEN DER DR

Foto: Dirk Endisch

INHALT

3. WERKBAHN-DIESELLOKOMOTIVEN

4. ELEKTROLOKOMOTIVEN DER DR

5. DIESELTRIEBWAGEN DER DR

6. ELEKTRISCHE TRIEBWAGEN DER DR

7. ELEKTRISCHE TRIEBWAGEN DER S-BAHN BERLIN

Foto: Thomas Rieger, Archiv Dirk Endisch

Baureihe 01.5 (Rekolok; ab 1970: BR 01.05, BR 01.15)

Die Baureihen 01 und 03 bildeten viele Jahre bei der DR das Rückgrat im Schnellzugdienst. Der DR waren jedoch nach dem Zweiten Weltkrieg nur 70 Maschinen der Baureihe 01 verblieben, von denen fünf aufgrund schwerer Schäden ausgemustert werden mussten. Da die Beschaffung neuer Schnellzug-Maschinen nicht möglich war und sich die Entwicklung moderner Dieselloks verzögerte, entschloss sich die DR im Frühjahr 1958, die Baureihe 01 im Zuge des Reko-Programms zu modernisieren. Kernstück der Rekonstruktion war der Einbau eines leistungsfähigen Verbrennungskammer-Kessels, der von der FVA Halle (Saale) entwickelt wurde. Parallel dazu begannen die Vorarbeiten für die anderen konstruktiven Änderungen. Besonderen Wert legte die DR auf die äußere Gestaltung der Reko-01er. Diese besaß mit ihrem hochliegenden Kessel, der vom Führerhaus bis zum Mischkasten reichenden Domverkleidung, der kegeligen Rauchkammertür und der steilen Frontschürze eine unverwechselbare Silhouette. Am 30. April 1962 schickte das Raw Meiningen die 01 501 auf Abnahmefahrt. Das Baumuster offenbarte jedoch mehrere Mängel, deren Beseitigung sehr viel Zeit und Geld kosteten. Als Flop erwiesen sich auch die bei 01 504 erstmals eingebauten Boxpok-Radsätze, mit denen nur zwölf Maschinen ausgerüstet wurden. Die enormen Kosten führten innerhalb der DR zu einem massiven Streit über das Für und Wider der geplanten Rekonstruktion aller 01er. Die DR entschied sich daher am 22. November 1963, nur 35 Maschinen modernisieren zu lassen. Davon sollten 28 Maschinen mit einer Ölhauptfeuerung ausgerüstet werden. 01 535 wurde schließlich als letzte am 31. Mai 1965 fertig gestellt. Dank des sehr leistungsfähigen Kessels, der bis zu 16,8 t Dampf je Stunde erzeugen konnte, erwies sich die Baureihe 01.5 als eine der besten deutschen Dampfloks. Die ölgefeuerten Reko-01er besaßen eine indizier-

Thomas Rieger, Archiv Dirk Endisch

te Leistung von rund 2.500 PSi. Die Baureihe 01.5 war zunächst in den Bahnbetriebswerken Erfurt P und Wittenberge konzentriert. Die sieben Kohleloks waren im Bw Berlin Ostbahnhof zuhause. Ab 1973 sank der Stern der Reko-01er langsam. 01 520 wurde als letzte Öllok am 8. Januar 1982 im Bw Saalfeld abgestellt. Wenig später, am 29. September 1982, folgte 01 512 als letzte Kohlelok. Insgesamt fünf Reko-01er blieben als Museumsstücke erhalten.

Baureihe	01.5	01.5
Baureihen-Nr. ab 1970	01.15	01.05
Bauart	2´C1´h2	2´C1´h2
Betriebsgattung	S 36.20	S 36.20
Länge ü. Puffer (2´2´ T 34)	24.350 mm	24.350 mm
Höchstgeschwindigkeit v/r	130/50 km/h	130/50 km/h
Zylinderdurchmesser	600 mm	600 mm
Kolbenhub	660 mm	660 mm
Treib- und Kuppelraddurchmesser	2.000 mm	2.000 mm
Laufraddurchmesser v/h	1.000/1.250 mm	1.000/1.250 mm
Kesselüberdruck	16 kp/cm^2	16 kp/cm^2
Rostfläche	4,87 m^2	4,87 m^2
Verdampfungsheizfläche	224,5 m^2	224,5 m^2
Dienstmasse (2/3 Vorräte)	169,0 t	174,3 t
Brennstoffvorrat	10 t	13,5 m^3 Heizöl
Wasserkasteninhalt	34 m^3	34 m^3
indizierte Leistung	ca. 2.300 PS$_i$	ca. 2.500 PS$_i$
indizierte Zugkraft (0,8)	15,2 Mp	15,2 Mp

50 0004-7

Foto: Thomas Rieger, Archiv Dirk Endisch

Foto: Thomas Rieger, Archiv Dirk Endisch

Baureihe 03.0–2 (Umbau- und Rekolok; ab 1970: BR 03.2)

Der DR waren nach dem Zweiten Weltkrieg 81 Maschinen der Baureihe 03 verblieben. Nach der Ausmusterung der kriegsbeschädigten Loks standen der DR noch 78 Exemplare für die Zugförderung zur Verfügung, die gemeinsam mit den Baureihen 01 und 03.10 den größten Teil des schweren Schnellzugdienstes bei der DR abwickelten. Daher stand 1958 auch die Rekonstruktion der Baureihe 03 zur Diskussion. Doch bereits 1959 verwarf die DR die grundlegende Modernisierung der Baureihe 03 wieder, da sich deren Kessel noch in einem sehr guten Zustand befanden. Außerdem fehlten der DR die notwendigen Stahlkontingente für den Bau von Reko-Kesseln. Gleichwohl gab es bei der DR Bestrebungen, den Kesselwirkungsgrad der Baureihe 03 zu verbessern. Dazu wurden die Maschinen mit einer Mischvorwärmeranlage der Bauart IfS, einer Verbund-Mischpumpe sowie einem Aschkasten der Bauart Stühren mit seitlichen Luftklappen ausgerüstet. Nachdem die Zustimmung der DR am 4. August 1960 zu diesen Bauartänderungen vorlag, begann das Raw Karl-Marx-Stadt mit dem Umbau der 03er im Rahmen planmäßiger Haupt- und Zwischenuntersuchungen. Lediglich zwei Maschinen wurden nicht modernisiert.

Doch damit war die Rekonstruktion der Baureihe 03 noch nicht vom Tisch. Als 1963 die Modernisierung der Baureihe 01 abgebrochen wurde, brachten einige Eisenbahner erneut das Thema »Reko-03« zur Sprache. Sie konnten sich jedoch mit ihren Vorschlägen nicht durchsetzen. Erst im Sommer 1968 änderte sich das, nachdem das Politbüro der SED die Aufstellung einer »strategischen Dampflokreserve« gefordert hatte, zu der auch die Baureihe 03 zählte. Etwa zeitgleich trennte sich die DR von den ersten Exemplaren der Baureihe 22. Deren erst wenige Jahre alten Verbrennungskammer-Kessel befanden sich jedoch noch in einem tadellosen Zustand, so dass sich deren Weiterverwendung bei der Baureihe 03 anbot. Bereits 1969 rüstete das Raw Meiningen 03 081 und 03 151 als erste mit einem Reko-Kessel aus. Bis 1975 wurden 52 Reko-03er fertig gestellt. Zu diesem Zeitpunkt verdrängten jedoch E- und Dieselloks zunehmend die Baureihe 03 aus dem hochwertigen Reisezugdienst. Im Bw Güsten wurde im Sommer 1980 als letzte Rekolok 03 002 abgestellt. Als letzte Umbaulok quittierte die als Wärmespender genutzte 03 128 Anfang 1981 den Dienst. Von den Umbau-Maschinen blieb nur 03 204 erhalten. Als Vertreter der Baureihe 03(Reko) entgingen 03 098, 03 155 und 03 295 dem Schneidbrenner.

Baureihe	03(Umbau)	03(Reko)
Baureihen-Nr. ab 1970	03.2	03.2
Bauart	2´C1´h2	2´C1´h2
Betriebsgattung	S 36.17[1]	S 36.17[1]
Länge ü. Puffer (2´2´T 34)	23.905 mm	23.905 mm
Höchstgeschwindigkeit v/r	130/50 km/h	130/50 km/h
Zylinderdurchmesser	570 mm	570 mm
Kolbenhub	660 mm	660 mm
Treib- und Kuppelraddurchmesser	2.000 mm	2.000 mm
Laufraddurchmesser v/h	850[2]/1.250 mm	850 mm[2]/1.250 mm
Kesselüberdruck	16 kp/cm^2	16 kp/cm^2
Rostfläche	4,05 m^2	4,23 m^2
Verdampfungsheizfläche	203,65 m^2	206,30 m^2
Dienstmasse (2/3 Vorräte)	158,3 t	159,4 t
Brennstoffvorrat	10 t	10 t
Wasserkasteninhalt	34 m^3	34 m^3
indizierte Leistung	ca. 2.000 PS$_i$	ca. 2.100 PS$_i$
indizierte Zugkraft (0,8)	13,72 Mp	13,72 Mp

Anmerkungen:
1 ab 03 123: S 36.18
2 ab 03 163: 1.000 mm

Foto: Thomas Rieger, Archiv Dirk Endisch

Foto: Thomas Rieger, Archiv Dirk Endisch

Baureihe 03.10 (Umbau- und Rekolok; ab 1970: BR 03.0, BR 03.1)

Von den Stromlinien-Dampfloks der Baureihe 03.10 verblieben der DR nach dem Zweiten Weltkrieg 19 Maschinen. Die DR ließ davon 18 Loks zwischen 1952 und 1954 wieder betriebsfähig aufarbeiten. Dabei entfernte man die Stromlinienverkleidung und passte die Maschinen dem Erscheinungsbild der Einheitsloks an. Dazu gehörten u.a. große Windleitbleche, eine Frontschürze und durchgehende Umlaufbleche. Darüber hinaus plante die DR, alle Maschinen der Baureihe 03.10 mit einer Kohlenstaubfeuerung der Bauart Wendler auszurüsten. Als Baumuster fungierte 03 1087, die am 29. April 1952 fertig gestellt wurde. Allerdings blieb sie ein Einzelstück, da die Kosten für den Umbau weiterer Loks zu hoch waren und es technische Probleme mit der Feuerung gab.
Ab Mitte der 1950er-Jahren traten bei den aus dem spröden und nicht alterungsbeständigen Stahl St 47 K hergestellten Kesseln der Baureihe 03.10 vermehrt Schäden auf. Bereits 1955 beschäftigten sich Experten der DR mit diesem Problem, das schließlich zur Rekonstruktion der Baureihe 03.10 führte. Doch die Entwicklung des benötigten Verbrennungskammer-Kessels des Typs »39 E«, der auch für die Reko-Maschinen der Baureihen 22 und 41 vorgesehen war, verzögerte sich. Um die Zeit bis zum Beginn der Rekonstruktion der Baureihe 03.10 zu überbrücken, gab die DR am 5. November 1956 beim SKL Magdeburg die Fertigung von Ersatzkesseln in Auftrag. Diese basierten auf den alten Dampferzeugern, besaßen jedoch keinen Speisedom. Mit einem solchen Ersatzkessel wurden 03 1077 und 03 1088 im Frühjahr 1957 ausgerüstet. Parallel dazu wurden vier alte Kessel der Baureihe 03.10 im Rahmen einer Generalreparatur im Raw Halberstadt aufgearbeitet.
Doch der weitere Einsatz der Baureihe 03.10 mit St 47 K-Kesseln endete mit einer Katastrophe – am 30. September 1958 explodierte in Wünsdorf der Kessel der 03 1046. Die Ursache war starke

Foto: Archiv D rk Endisch

Materialermüdung an den Schweißnähten des St 47 K-Kessels. Die DR ordnete daraufhin die umgehende Rekonstruktion der Baureihe 03.10 an. Als erste wurde 03 1010 am 10. Februar 1959 fertig gestellt. Bis Ende 1959 folgten weitere 15 Maschinen. Die DR konzentrierte die Baureihe 03.10 nun im Bw Stralsund. Lediglich 03 1010 und 03 1074, die anstelle des Mischvorwärmers einen Oberflächenvorwärmer besaßen, waren im Bw Halle P stationiert. Zwischen 1965 und 1972 erhielten 16 Loks eine Ölhauptfeuerung. Dabei wurden auch 03 1077 und 03 1088 mit einem Reko-Kessel ausgerüstet. Am 31. Mai 1980 endete der Plandienst der Baureihe 03.10 bei der DR. 03 1010 (Halle) und 03 1090 (Schwerin) blieben als Museumsloks erhalten.

Baureihe	03 1087	03.10 (Umbau)	03.10 (Reko)
Baureihen-Nr. ab 1970	-	-	03.0 / 03.1
Bauart	2´C1´h3	2´C1´h3	2´C1´h3
Betriebsgattung	S 36.18	S 36.18	S 36.18
Länge ü. Puffer (2´2´T 34)	23.905[1] mm	23.905 mm	23.905 mm
Höchstgeschwindigkeit v/r	140/50 km/h	140/50 km/h	140/50 km/h
Zylinderdurchmesser	470 mm	470 mm	470 mm
Kolbenhub	660 mm	660 mm	660 mm
Treib- und Kuppelraddurchmesser	2.000 mm	2.000 mm	2.000 mm
Laufraddurchmesser v/r	1.000/1.250 mm	1.000/1.250 mm	1.000/1.250 mm
Kesselüberdruck	16 kp/cm^2	16 kp/cm^2	16 kp/cm^2
Rostfläche	3,90 m^2	3,90 m^2	4,23 m^2
Verdampfungsheizfläche	202,96 m^2	202,96 m^2	206,30 m^2
Dienstmasse (2/3 Vorräte)	?	161,0 t	162,0[3] t
Brennstoffvorrat	10[2] t	10 t	10[4] t
Wasserkasteninhalt	28,5 m^3	34 m^3	34 m^3
indizierte Leistung	ca. 1.800 PS_i	ca. 1.750 PS	ca. 1.900[5] PS
indizierte Zugkraft (0,8)	14,0 Mp	14,0 Mp	14,0 Mp

Anmerkungen:
1 mit 2´2´T 28 Kst; 2 22,5 m^3 Kohlenstaub; 3 167,3 t bei Ölhauptfeuerung; 4 13,5 m^2 Heizöl bei Ölhauptfeuerung; 5 ca. 2.000 PS bei Ölhauptfeuerung

Foto: Slg. Klaus-Jürgen Kühne

Baureihe 07 (Umbaulok)

Zahlreiche Dampfloks aus dem Ausland waren nach dem Zweiten Weltkrieg in der SBZ verblieben. Dazu gehörte auch die französische 231 E 18. Die 1912 gebaute Lok galt als eine der besten Typen der SNCF.

Hans Wendler (1905–1989), der Wegbereiter der Kohlenstaubfeuerung bei der DR, wollte auch die 231 E 18 umbauen. Aus Sicht des Betriebsmaschinendienstes bestand dazu eigentlich keine Veranlassung. Wendler ging es im Wesentlichen darum, zu beweisen, dass seine Kohlenstaubfeuerung prinzipiell auf allen Dampfloks eingebaut werden konnte.

Das Raw Stendal begann 1952 mit den Arbeiten an der 231 E 18. Neben dem Einbau der Kohlenstaubfeuerung waren erhebliche Umbauten an der Lok notwendig. Dazu gehörte u.a. der Einbau eines neuen Führerhauses. Nach ihrer Abnahme im Sommer 1952 wurde die als 07 1001 bezeichnete Lok dem Bw Berlin Ostbahnhof zugewiesen. Über das Bw Halle P gelangte der Einzelgänger 1954 zum Bw Dresden-Altstadt. Überall war die Lok ein Einzelgänger, der mehr stand als fuhr. Nach einer Laufleistung von nicht einmal 50.000 km musterte die DR die Verbund-Maschine bereits 1957 aus.

Baureihe	07
Bauart	2´C1´h4v
Betriebsgattung	S 36.19
Länge ü. Puffer (2´2´T 28 Kst)	22.880 mm
Höchstgeschwindigkeit v/r	140/50 km/h
Zylinderdurchmesser (HD/ND)	420/640 mm
Kolbenhub	650 mm
Treib- und Kuppelraddurchmesser	1.950 mm
Laufraddurchmesser v/r	960/1.150 mm
Kesselüberdruck	16[1] kp/cm^2
Rostfläche	4,33 m^2
Verdampfungsheizfläche	199,3 m^2
Dienstmasse (2/3 Vorräte)	101,8[2] t
Brennstoffvorrat	22,5 m^3 Kohlenstaub
Wasserkasteninhalt	28,5 m^3
Anmerkungen: 1 ursprünglich 17 kp/cm^2 2 ohne Tender	

Foto: Slg. Klaus-Jürgen Kühne

Baureihe 08 (Umbaulok)

Die imposante französische Schnellzuglok 241 A4 stand nach dem Ende des Zweiten Weltkrieges im Bw Stralsund. Die 1931 gebaute Maschine gehörte zu den leistungsstärksten Typen der SNCF. Hans Wendler (1905–1989), der 1950 nach Versuchsmaschinen für die von ihm entwickelte pneumatische Kohlenstaubfeuerung suchte, setzte die Aufarbeitung der 241 A4 im Raw Zwickau durch. Die große Feuerbüchse mit der Verbrennungskammer war nach Wendlers Meinung für den Einbau einer Kohlenstaubfeuerung bestens geeignet. Ende 1951 begannen im Raw Zwickau die Arbeiten an 241 A4, die dabei auch den deutschen Normen angepasst werden musste. Dies führte dazu, dass auch der Kesseldruck von 20 auf 16 kp/cm^2 verringert wurde. Erst Anfang 1953 schloss das Raw Zwickau die Arbeiten an 241 A4 ab, die nun als 08 1001 in Dienst gestellt wurde. Die anschließend durchgeführten Messfahrten der FVA Halle (Saale) verliefen ernüchternd. Aufgrund des verringerten Kesseldrucks hatte 08 1001 einen erheblichen Teil ihrer Leistung verloren. Ab 1953 war 08 1001 im Bw Dresden-Altstadt stationiert. Dort wurde sie aber nur sehr selten eingesetzt. Nach einer Laufleistung von nur knapp 34.000 km wurde die Lok 1955 abgestellt und zwei Jahre später ausgemustert.

Baureihe	**08**
Bauart	**2´D1´h4v**
Betriebsgattung	**S 49.19**
Länge ü. Puffer (2´2´T 28 Kst)	**24.800[1] mm**
Höchstgeschwindigkeit v/r	**120/50 km/h**
Zylinderdurchmesser (HD/ND)	**450/660 mm**
Kolbenhub	**720 mm**
Treib- und Kuppelraddurchmesser	**1.950 mm**
Laufraddurchmesser v/r	**920/1.080 mm**
Kesselüberdruck	**16[2] kp/cm^2**
Rostfläche	**4,43 m^2**
Verdampfungsheizfläche	**223,2 m^2**
Dienstmasse (2/3 Vorräte)	**122,5[3] t**
Brennstoffvorrat	**22,5 m^3 Kohlenstaub**
Wasserkasteninhalt	**28,5 m^3**

Anmerkungen:
1 mit 2´2´T 28 Kst
2 ursprünglich 20 kp/cm^2
3 ohne Tender

Foto: Archiv Dirk Endisch

Baureihe 17Kst (Umbaulok)

Die DR hatte ab dem Sommer 1945 massive Probleme bei der Brennstoffversorgung, da sie von den Steinkohlegruben im Saarland, im Ruhrgebiet und in Oberschlesien abgeschnitten war. Fortan standen meist nur noch Braunkohlenbriketts und Rohbraunkohle für die Lokfeuerung zur Verfügung. Vor diesem Hintergrund entschied sich die DR, einige ihrer Maschinen mit einer Kohlenstaubfeuerung auszurüsten. Hans Wendler (1905–1989) entwickelte eine pneumatische Kohlenstaubfeuerung, mit der ab 1949 vor allem Güterzugloks ausgerüstet wurden. Die lange, schmale Feuerbüchse der Baureihe 17.10–12 (ex preußische S 10.2) eignete sich sehr gut für den Einbau einer Kohlenstaubfeuerung, mit der 1949 zunächst 17 1119 ausgerüstet wurde. Bis 1951 ließ die DR weitere 14 Maschinen umbauen, von denen 17 1104 mit einem Langlauftender ausgerüstet wurde. Die im Bw Cottbus konzentrierten Kohlenstaubloks waren jedoch aufgrund ihres Alters recht schadanfällig. Bereits Anfang der 1960er-Jahre trennte sich die DR schrittweise von den Maschinen. Die letzten Exemplare wurden 1964 ausgemustert.

Baureihe	17Kst
Bauart	2´C h4v
Betriebsgattung	S 37.17
Länge ü. Puffer (pr 2´2´ T 26 Kst)	20.910 mm
Höchstgeschwindigkeit v/r	120/50 km/h
Zylinderdurchmesser (HD/ND)	400/610 mm
Kolbenhub	660 mm
Treib- und Kuppelraddurchmesser	1.980 mm
Laufraddurchmesser v	1.000 mm
Kesselüberdruck	15 kp/cm^2
Rostfläche	3,18 m^2
Verdampfungsheizfläche	163,06 m^2
Dienstmasse (2/3 Vorräte)	83,1[1] t
Brennstoffvorrat	22,5 m^3 Kohlenstaub
Wasserkasteninhalt	26 m^3
indizierte Leistung	ca. 1.500 PS$_i$
indizierte Zugkraft (0,8)	7,4 Mp
Anmerkung: 1 ohne Tender	

Foto: Thomas Rieger, Archiv Dirk Endisch

Schnellfahrlok 18 201 (Rekolok; ab 1970: 02 0201-0)

Ende der 1950er-Jahre benötigte die DR für die Erprobung neuer Reisezugwagen eine Lok, die Geschwindigkeiten von 160 km/h fahren konnte. Da geeignete E- und Dieselloks noch nicht verfügbar waren, suchte die VES-M Halle (Saale) nach einer Dampflok. Als einzige Maschine, die für mehr als 150 km/h zugelassen war, stand der DR die Tenderlok 61 002 zur Verfügung. Die DRG hatte die Maschine 1939 für den Henschel-Wegmann-Zug beschafft. Zwar besaß 61 002 ein ausgezeichnetes Trieb- und Laufwerk, doch der Kessel war verschlissen. Der Leiter der VES-M, Max Baumberg (1906–1978), schlug daher am 17. Januar 1959 im Rahmen des Reko-Programms den Umbau der 61 002 zu einer Schlepptenderlok vor. Am 31. Mai 1961 stellte die DR die Schnellfahrlok 18 201 in Dienst. Die kleinen, geschwungenen Windleitbleche, die Domverkleidung, die spitze Rauchkammertür und die stromlinienähnliche Verkleidung gaben der Lok ein markantes Aussehen, das durch die grüne Lackierung mit den weißen Zierlinien unterstrichen wurde. Ab 1965 wurde die als »Jimmo« bezeichnete 18 201 nur noch für Sonderdienste herangezogen. Die seit 1967 mit einer Ölhaupfeuerung ausgerüstete Lok ist heute die schnellste betriebsfähige Dampflok der Welt.

Betriebs-Nr.	**18 201**
Betriebs-Nr. ab 1970	**02 0201-0**
Bauart	**2´C1´h3**
Betriebsgattung	**S 36.20**
Länge ü. Puffer (2´2´T 34)	**25.145 mm**
Höchstgeschwindigkeit v/r	**175/50 km/h**
Zylinderdurchmesser	**520 mm**
Kolbenhub	**660 mm**
Treib- und Kuppelraddurchmesser	**2.300 mm**
Laufraddurchmesser v/h	**1.100/1.250 mm**
Kesselüberdruck	**16 kp/cm^2**
Rostfläche	**4,23 m^2**
Verdampfungsheizfläche	**206,3 m^2**
Dienstmasse (2/3 Vorräte)	**176,9 t**
Brennstoffvorrat	**13,5 m^3 Heizöl**
Wasserkasteninhalt	**34 m^3**
indizierte Leistung	**ca. 1.800 PS$_i$**

Foto: Thomas Rieger, Archiv Dirk Endisch

Baureihe 18.3 (Rekolok; ab 1970: BR 02.03)

Max Baumberg, der Leiter der VES-M Halle (Saale), schätzte südwestdeutsche Vierzylinder-Verbundschnellzugloks. Der DR war jedoch nur 18 434 (ex bayerische S 3/6) verblieben. Baumberg gelang es aber 1948, die 18 434 gegen die 18 314 (ex badische IV h) zu tauschen. Nach einer Hauptuntersuchung bespannte die Lok Dienstzüge des Raw Stendal. Ab 1951 gehörte die Lok zum Bestand der späteren VES-M, die 18 314 meist als Bremslok nutzte. Die von den Personalen als »Schorsch« bezeichnete 18 314 wies aber Ende der 1950er-Jahre erhebliche Verschleißerscheinungen auf. Baumberg sorgte daraufhin dafür, dass 18 314 im Zuge des Reko-Programms 1960 im Raw Zwickau modernisiert wurde. Die Lok erhielt u.a. einen Verbrennungskammer-Kessel, ein Einheitsführerhaus, einen Einheitstender und kleine Windleitbleche. Außerdem wurde die Lok mit einer Domverkleidung, einer spitzen Rauchkammertür und einer Verkleidung für den Zylinderblock ausgerüstet. Neu war auch die Lackierung analog der 18 201. Die Maschine, die ab 1967 eine Ölhauptfeuerung hatte, wurde nun vor Messzügen oder im Plandienst eingesetzt. Ende 1971 hatte 18 314 ausgedient. 1984 verkaufte die DR das Museumsstück in die Bundesrepublik. Seit 1986 steht die Lok im »Auto & Technik Museum Sinsheim«.

Baureihe	18.3
Baureihen-Nr. ab 1970	02.03
Bauart	2´C1´h4v
Betriebsgattung	S 36.19
Länge ü. Puffer (2´2´ T 34)	23.630 mm
Höchstgeschwindigkeit v/r	150/50 km/h
Zylinderdurchmesser (HD/ND)	440/680 mm
Kolbenhub	680 mm
Treib- und Kuppelraddurchmesser	2.100 mm
Laufraddurchmesser v/h	990/1.200 mm
Kesselüberdruck	16 kp/cm^2
Rostfläche	4,23 m^2
Verdampfungsheizfläche	199,5 m^2
Dienstmasse (2/3 Vorräte)	168,3 t
Brennstoffvorrat	13,5 m^3 Heizöl
Wasserkasteninhalt	34 m^3
indizierte Leistung	ca. 2.000 PS$_i$
indizierte Zugkraft (0,8)	9,1 Mp

Foto: Thomas Rieger, Archiv Dirk Endisch

Baureihe 19.0 (Rekolok; ab 1970: BR 04.0)

Als die DR Mitte der 1950er-Jahre begann, ihren Dampflokpark durch das groß angelegte Reko-Programm zu modernisieren, stand auch der Umbau der Baureihe 19.0 zur Debatte. Die DR verzichtete jedoch aus Kostengründen darauf, die noch vorhandenen Maschinen zu rekonstruieren. Allerdings brachte die VES-M Halle (Saale) das Thema »Reko-19« 1961 wieder aufs Tapet, zumal sie noch drei Maschinen als Bremsloks vorhielt und auf diese noch nicht verzichten konnte. Da der Barrenrahmen sowie das Lauf- und Fahrwerk noch in einem guten Zustand waren, gab die DR den Wünschen der VES-M nach. Das Raw Meiningen rüstete schließlich 19 015 (1964) und 19 022 (1965) mit einem Verbrennungskammer-Kessel, neuen Zylindern, einer geänderten Steuerung, neuen Führerhäusern, kleinen Windleitblechen und Einheitstendern aus. Die kegelige Rauchkammertür und die Domverkleidung gaben den Maschinen ein modernes Aussehen. 1967 erhielten beide Loks außerdem eine Ölhauptfeuerung. Das Bw Halle P setzte die beiden Reko-19er entweder im Schnellzugdienst oder vor Messzügen der VES-M ein. 1976 wurden beide Maschinen ausgemustert und verschrottet.

Baureihe	**19.0**
Baureihen-Nr. ab 1970	**04.0**
Bauart	**1´D1´h4v**
Betriebsgattung	**S 46.18**
Länge ü. Puffer (2´3 T 38)	**24.210[1] mm**
Höchstgeschwindigkeit v/r	**120/50 km/h**
Zylinderdurchmesser (HD/ND)	**480/720 mm**
Kolbenhub	**630 mm**
Treib- und Kuppelraddurchmesser	**1.905 mm**
Laufraddurchmesser v/h	**1.000/1.250 mm**
Kesselüberdruck	**16 kp/cm²**
Rostfläche	**4,23 m²**
Verdampfungsheizfläche	**206,3 m²**
Dienstmasse (2/3 Vorräte)	**172,35 t**
Brennstoffvorrat	**10 t**
Wasserkasteninhalt	**38 m³**
indizierte Leistung	**ca. 2.000 PS_i**
Anmerkungen: 1 19 022 Tender 2´2´T 34	

Foto: Archiv Dirk Endisch

Baureihe 22 (Rekolok; ab 1970: BR 39.1)

Die Baureihe 39.0–2 (ex preußische P 10) bildete in den 1950er-Jahren das Rückgrat im schweren Reisezugdienst auf den Hauptstrecken im sächsischen und thüringischen Hügelland. Allerdings war die P 10 als »Kohlefresser« verrufen, deren trapezförmiger Rost von den Heizern besonderes Geschick in der Feuerführung verlangte. Außerdem waren Kessel- und Triebwerksleistung schlecht aufeinander abgestimmt. Da die DR mittelfristig nicht auf die P 10 verzichten konnte, wurde sie im Zuge des Reko-Programms modernisiert. Kernstück war der Einbau eines Verbrennungskammer-Kessels. Außerdem erhielten die Loks neue Zylinder, neue Führerhäuser, einen Mischvorwärmer, Trofimoff-Schieber und wurden mit Einheitstendern gekuppelt. Das Raw Meiningen übergab 1958 die erste Reko-P 10, die nun als Baureihe 22 bezeichnet wurde. Bis 1962 wurden weitere 84 Maschinen umgebaut. Die Baureihe 22 war der P 10 in Sachen Leistung und Verbrauch deutlich überlegen. Aufgrund des einsetzenden Traktionswechsels wurden bereits 1966 die ersten Reko-P 10 abgestellt. 1971 endete der Einsatz der Baureihe 22, von der leider keine Maschine komplett erhalten blieb. Das BEM Nördlingen will langfristig den Dampfspender 22 064 als Schaustück herrichten.

Baureihe	22
Baureihen-Nr. ab 1970	39.1
Bauart	1´D1´h3
Betriebsgattung	P 46.18
Länge ü. Puffer (2´2´T 34)	23.700 mm
Höchstgeschwindigkeit v/r	110/50 km/h
Zylinderdurchmesser	520 mm
Kolbenhub	660 mm
Treib- und Kuppelraddurchmesser	1.750 mm
Laufraddurchmesser v/h	1.000/1.100 mm
Kesselüberdruck	16 kp/cm^2
Rostfläche	4,23 m^2
Verdampfungsheizfläche	206,3 m^2
Dienstmasse (2/3 Vorräte)	165,5 t
Brennstoffvorrat	10 t
Wasserkasteninhalt	34 m^3
indizierte Leistung	1.690 PSi
indizierte Zugkraft (0,8)	17,5 Mp

Foto: Archiv Dirk Endisch

Baureihe 23.0 (Rekolok; ab 1970: BR 35.2)

Als Ersatz für die Baureihe 38.10–40 (ex preußische P 8) entwickelte die DRB Ende der 1930er-Jahre die Baureihe 23.0. Bedingt durch den Zweiten Weltkrieg konnten jedoch 1941 nur noch die beiden Baumuster 23 001 und 23 002 in Dienst gestellt wurden, die 1945 in der SBZ verblieben. Anfang der 1950er-Jahre melde die FVA Halle (Saale) Bedarf an den beiden Maschinen an, die als Bremsloks und Erprobungsträger dienen sollten. Ab 1954 waren beide Loks in Halle (Saale) stationiert. Die aus St 47 K hergestellten Kessel waren Ende der 1950er-Jahre verschlissen. Die FVA wollte daher beide Loks im Rahmen des Reko-Programms modernisieren lassen. 1960 begann das Raw Cottbus mit der Modernisierung der 23 001, die erst 1961 im Raw Engelsdorf abgeschlossen wurde. 23 001 erhielt einen Verbrennungskammer-Kessel, kleine Windleitbleche sowie eine Domverkleidung. 23 002 wurde hingegen ausgemustert. Das Bw Halle P setzte 23 001 weiterhin als Bremslok oder im Plandienst ein. Bei ihrer letzten Hauptuntersuchung 1969/70 wurde 23 001 noch mit einem Giesl-Flachejektor ausgerüstet. Im Sommer 1974 wurde die Lok abgestellt. Ein Jahr später folgten die Ausmusterung und die Verschrottung.

Baureihe	**23.0**
Baureihen-Nr. ab 1970	**35.2**
Bauart	**1´C1´h2**
Betriebsgattung	**P 35.18**
Länge ü. Puffer (2´2´T 26)	**22.940 mm**
Höchstgeschwindigkeit v/r	**110/50 km/h**
Zylinderdurchmesser	**550 mm**
Kolbenhub	**660 mm**
Treib- und Kuppelraddurchmesser	**1.750 mm**
Laufraddurchmesser v/h	**1.000/1.250 mm**
Kesselüberdruck	**16 kp/cm²**
Rostfläche	**3,71 m²**
Verdampfungsheizfläche	**172,3 m²**
Dienstmasse (2/3 Vorräte)	**137,5 t**
Brennstoffvorrat	**8 t**
Wasserkasteninhalt	**26 m³**
indizierte Leistung	**ca. 1.650 PSi**
indizierte Zugkraft	**14,6 Mp**

Foto: Thomas Rieger, Archiv Dirk Endisch

Baureihe 23.10 (Neubaulok; ab 1970: BR 35.1)

Die DR benötigte nach dem Zweiten Weltkrieg dringend eine leistungsfähige Personenzug-Dampflok, die vor allem die Baureihe 38.10–40 (ex preußische P 8) ersetzen sollte. Das zunächst verfolgte Konzept einer Universal-Maschine wurde 1952 zu Gunsten einer 1´C1´h2-Maschine verworfen. Die Neubau-Dampflok sollte sich in ihren wichtigsten Parametern an die Baureihe 23.0 anlehnen. Die Entwicklung der als Baureihe 23.10 bezeichneten Type begann 1953 unter der Federführung des Instituts für Schienenfahrzeuge (IfS) in Berlin-Adlershof. Die Ingenieure berücksichtigten dabei die von der DR formulierten »Neuen Baugrundsätzen«. Dazu gehörten die Anwendung der Schweißtechnik sowie der Einbau von Blechrahmen und Verbrennungskammer-Kesseln, die für das Verfeuern von Braunkohle ausgelegt sein sollten. Der LKM Babelsberg lieferte 1957 die beiden Prototypen der Baureihe 23.10 ab. Bei den Versuchsfahrten erfüllten die Loks die Vorgaben der DR. Die Maschinen entwickelten im Vergleich zur P 8 eine 45 bis 60 % höhere Zugkraft. Die Zughakenleistung der Baureihe 23.0 wurde um 17 % übertroffen. Dabei bestach die Baureihe 23.10 durch ihren sehr leistungsfähigen Kessel. Dieser konnte bis zu 11 t Dampf je Stunde erzeugen. Damit erreichte die Baureihe 23.10 sogar den Leistungsbereich der Baureihe 03.

Ohne nennenswerte Änderungen begann 1958 die Serienlieferung der Baureihe 23.10, von der die DR bis 1959 insgesamt 113 Exemplare in Dienst stellte. Die Lokführer und Heizer schätzten die Baureihe 23.10 aufgrund ihrer hohen Leistung und ihrer ausgezeichneten

Laufeigenschaften. Die DR konzentrierte die Maschinen in erster Linie in den Direktionen Cottbus, Dresden, Greifswald, Halle (Saale) und Schwerin, wo sie meist vor Eil- und Schnellzügen zum Einsatz kamen. Mit der Indienststellung der Dieselloks der Baureihe V 180 (ab 1970: 118) verlor die Baureihe 23.10 schrittweise an Bedeutung. Das Bw Nossen stellte im Mai 1977 die letzten Exemplare ab. Aufgrund der Energiekrise in der DDR wurde 1982 die DR-Museumslok 23 1113 reaktiviert. Bis 1985 bespannte das Bw Nossen mit der Lok Eil- und Personenzüge nach Dessau und Riesa. Neben 23 1113 blieben drei weitere komplette Maschinen der Nachwelt erhalten.

Baureihe	23.10
Baureihen-Nr. ab 1970	35.1
Bauart	1'C1'h2
Betriebsgattung	P 35.18
Länge ü. Puffer (2'2' T 28)	22.600 mm
Höchstgeschwindigkeit v/r	110/50 km/h
Zylinderdurchmesser	550 mm
Kolbenhub	660 mm
Treib- und Kuppelraddurchmesser	1.750 mm
Laufraddurchmesser v/h	1.000/1.250 mm
Kesselüberdruck	16 kp/cm^2
Rostfläche	3,71 m^2
Verdampfungsheizfläche	159,6 m^2
Dienstmasse (2/3 Vorräte)	138,0 t
Brennstoffvorrat	10 t
Wasserkasteninhalt	28 m^3
indizierte Leistung	1.600 PSi
indizierte Zugkraft (0,8)	14,6 Mp

Foto: Thomas Rieger, Archiv Dirk Endisch

Foto: Archiv Dirk Endisch

Baureihen 25 und 25.10 (Neubaulok)

Um die Probleme in der Zugförderung schnellstmöglich zu lösen, plante die DR die Beschaffung einer Universallok für den Einsatz im Flach- und Hügelland. Die Entwicklung der gewünschten Type übernahm 1950 der LEW Hennigsdorf. Die DR gab dabei drei Baumuster mit verschiedenen Feuerungen (Kohlenstaubfeuerung des Systems Wendler, Stoker-Feuerung und herkömmliche Rostfeuerung) in Auftrag. Das LEW Hennigsdorf begann zunächst mit der Entwicklung der Kohlenstaublok. 1951 übernahm das Zentrale Konstruktionsbüro (ZB) der LOWA die Arbeiten. Zu diesem Zeitpunkt stand das Konzept der Universallok bei der DR bereits zur Diskussion. Als Ende 1952 die Zeichnungen für die Baureihen 25 (Stoker-Feuerung) und 25.10 (Kohlenstaubfeuerung) fertig waren, hatte die DR kein wirkliches Interesse mehr an den Maschinen, deren Baumuster 1954 (25 001) und 1955 (25 1001) geliefert wurden. Aufgrund zahlreicher Konstruktions- und Fertigungsmängel konnten beide Maschinen nicht überzeugen. Die Stoker-Feuerung der 25 001 war unbrauchbar, so dass die Lok 1958 auf Kohlenstaubfeuerung umgebaut und zu 25 1002 umgezeichnet wurde. Bereits 1964 wurden beide Loks im Bw Arnstadt abgestellt. 1968 wurden sie ausgemustert und verschrottet.

Baureihe	25	25.10
Bauart	1´Dh2	1´Dh2
Betriebsgattung	P 45.18	P 45.18
Länge ü. Puffer (2´2´T 30)	23.300[1] mm	23.835[5] mm
Höchstgeschwindigkeit v/r	100/50 km/h	100/50 km/h
Zylinderdurchmesser (HD/ND)	600 mm	600 mm
Kolbenhub	660 mm	660 mm
Treib- und Kuppelraddurchmesser	1.600 mm	1.600 mm
Laufraddurchmesser v	1.000 mm	1.000 mm
Kesselüberdruck	16 kp/cm^2	16 kp/cm^2
Rostfläche	3,87 m^2	3,76 m^2
Verdampfungsheizfläche	171,8 m^2	158,6 m^2
Dienstmasse (2/3 Vorräte)	86,1[2] t	89,0[2] t
Brennstoffvorrat	12[3] t	26 m^3 Kohlenstaub
Wasserkasteninhalt	30[4] m^3	27,5 m^3

Anmerkungen:
1 nach Umbau auf Kohlenstaubfeuerung: 22.695 mm (mit Tender 2´2´ T 28 Kst); 2 ohne Tender; 3 nach Umbau auf Kohlenstaubfeuerung: 10 t Kohlenstaub (23 m^3); 4 nach Umbau auf Kohlenstaubfeuerung: 28 m^3; 5 mit Tender 2´2´T 27,5 Kst

Foto: Slg. K aus-Jürgen Kühne

Baureihe 36.0–4 (Umbaulok)

Zu den bemerkenswertesten Dampfloks der DR gehört zweifelsohne 36 457 (ex preußische P 4.2). Als größtes Problem für die DR erwies sich bei den Kohlenstaub-Maschinen die Beschaffung des Brennstoffs in ausreichender Menge, da Kohlenstaub auch in der Baustoff-Industrie benötigt wurde. Daher entstand die Idee, den Kohlenstaub direkt im Tender zu erzeugen. Hans Wendler (1905–1989) entwickelte in Zusammenarbeit mit Kurt Pierson (1898–1989) eine Kohlenzertrümmerungseinrichtung. Die Kohle fiel in ein Rohr, in dessen hinteres Ende Dampf eingeblasen wurde. Die Kohle sog den Dampf auf und wurde an einer Stahlplatte zerschlagen. Der dadurch entstehende Kohlenstaub wurde den Brennern zugeführt.
Mit dieser Kohlenzertrümmerungseinrichtung rüstete das Raw Stendal 36 457 aus, die am 1. Mai 1951 in Dienst gestellt wurde. Doch die aufwändig umgebaute Lok war nur kurze Zeit im Einsatz, da die Zertrümmerungseinrichtung trotz Umbauten nicht funktionstüchtig war. Bereits ab August 1952 gehörte 36 457 zum Schadpark, bevor sie 1959 als Dampfspender verkauft wurde.

Betriebs-Nr.	36 457
Bauart	2´B n2V
Betriebsgattung	P 24.14
Länge ü. Puffer	?
Höchstgeschwindigkeit v/r	90/50 km/h
Zylinderdurchmesser (HD/ND)	460/680 mm
Kolbenhub	600 mm
Treib- und Kuppelraddurchmesser	1.750 mm
Laufraddurchmesser v	1.000 mm
Kesselüberdruck	12 kp/cm^2
Rostfläche	2,31 m^2
Verdampfungsheizfläche	118,1 m^2
Dienstmasse (2/3 Vorräte)	?
Brennstoffvorrat	?
Wasserkasteninhalt	?

Foto: Thomas Rieger, Archiv Dirk Endisch

Baureihe 41 (Umbau- und Rekolok; ab 1970: BR 41.1)

Der DR verblieben nach dem Zweiten Weltkrieg zunächst 122 Maschinen der Baureihe 41. Durch Abgaben an die sowjetische Besatzungsmacht und die Ausmusterung kriegsbeschädigter Maschinen sank der Bestand auf 112 Exemplare. Da die DR nur relativ wenig Schnellzugloks der Baureihen 01, 03 und 03.10 besaß, setzte die DR die Baureihe 41 ab Ende der 1940er-Jahre meist im hochwertigen Reisezugdienst ein. Hochburgen der 41er waren die Rbd Greifswald und die Rbd Magdeburg. Mitte der 1950er-Jahre stellte das für die Unterhaltung der Baureihe 41 zuständige Raw Karl-Marx-Stadt erhebliche Verschleißerscheinungen an den St 47 K-Kesseln fest. Vor diesem Hintergrund beauftragte die DR bereits im Frühjahr 1956 die FVA Halle (Saale) mit den Vorarbeiten für einen auf Braunkohlefeuerung ausgelegten Verbrennungskammer-Kessel, mit dem auch die Baureihen 03.10 und 39.0–2 ausgerüstet werden sollten. Nachdem die Unterlagen der FVA am 28. Mai 1956 vorlagen, wurde am 13. Juni 1956 der Entwicklungsauftrag an den LKM Babelsberg erteilt.

In der Zwischenzeit hatte sich jedoch der Zustand der St 47 K-Kessel erheblich verschlechtert. Aus diesem Grund waren ab 25. Mai 1956 Schweißarbeiten an den St 47 K-Kesseln verboten. Als Zwischenlösung entwickelte das TZA der DR nun einen geschweißten Ersatzkessel, dessen Abmessungen im Wesentlichen mit dem alten Dampferzeuger der Baureihe 41 übereinstimmten, der aber keinen Speisedom besaß. Die Fertigung der Ersatzkessel übernahm der SKL Magdeburg, der 1957 insgesamt 23 Dampferzeuger für die Baureihe 41 lieferte. Erst am 14. Mai 1958 nahm die DR die Zeichnungen für den Verbrennungskammer-Kessel

Foto: Thomas Rieger, Archiv Dirk Endisch

ab, dessen Fertigung wenig später im Raw Halberstadt begann. Anfang 1959 lief im Raw Karl-Marx-Stadt die Modernisierung der Baureihe 41 an. Aufgrund der völlig ausgelasteten Kapazitäten wurde auch das Raw Zwickau in die Rekonstruktion der Baureihe 41 einbezogen. Als erste Rekolok ihrer Baureihe wurde 41 357 am 17. März 1959 in Dienst gestellt. Bis Dezember 1960 wurden insgesamt 80 Maschinen mit einem Verbrennungskammer-Kessel ausgerüstet. Die Reko-41er unterschieden sich von den Umbaumaschinen äußerlich durch den Seitenzugregler und die größere Zahl Waschluken. Dank des neuen Kessels, der bis zu 15 t Dampf je Stunde erzeugen konnte, entwickelten die Reko-41er eine effektive Leistung von rund 1.500 PS_e. Die DR konnte über Jahre hinweg nicht auf die universell einsetzbaren Dampfloks verzichten. Erst ab Mitte der 1970er-Jahre wichen die 41er der E- und Dieseltraktion. Die letzte Umbau-41er wurde 1980 ausgemustert. Am 10. November 1987 endete der Einsatz der Rekoloks, von denen elf Exemplare erhalten blieben.

Baureihen-Nr. ab 1970	41.1	41.1
Baureihen-Nr. ab 1992	-	041
Bauart	1´D1´h2	1´D1´h2
Betriebsgattung	G 46.18	G 46.18
Länge ü. Puffer (2´2´ T 32)	23.905 mm	23.905 mm
Höchstgeschwindigkeit v/r	90/50 km/h	90/50 km/h
Zylinderdurchmesser	520 mm	520 mm
Kolbenhub	720 mm	720 mm
Treib- und Kuppelraddurchmesser	1.600 mm	1.600 mm
Laufraddurchmesser v/h	1.000/1.250 mm	1.000/1.250 mm
Kesselüberdruck	16 kp/cm^2	16 kp/cm^2
Rostfläche	4,09 m^2	4,23 m^2
Verdampfungsheizfläche	203,65 m^2	206,3 m^2
Dienstmasse (2/3 Vorräte)	161,15 t	164,7 t
Brennstoffvorrat	10 t	10 t
Wasserkasteninhalt	32 m^3	32 m^3
indizierte Leistung	?	1.870 PS_i
indizierte Zugkraft (0,8)	15,58 Mp	15,6 Mp

411025-0

Foto: Thomas Rieger, Archiv Dirk Endisch

Foto: Thomas Rieger, Archiv Dirk Endisch

Baureihe 44^{Öl} (Umbaulok; ab 1970: BR 44.0)

Die Baureihe 44 bildete in den Direktionen Erfurt, Dresden und Halle (Saale) das Rückgrat im schweren Güterzugdienst. Der Dienst auf den als »Jumbos« bezeichneten Maschinen war jedoch vor allem für die Heizer Schwerstarbeit. Der durchschnittliche Brennstoffverbrauch schwankte in den 1950er-Jahren zwischen 50 und 70 t Kohle für 1.000 km. Vor diesem Hintergrund suchte die DR nach Möglichkeiten, die Heizer von ihrer schweren körperlichen Arbeit zu entlasten. Dazu bot sich die Ölhauptfeuerung an, die im Herbst 1959 erstmal auf der 44 195 erprobt wurde. Nach Auswertung der Versuchsfahrten wurde die Feuerung überarbeitet und 1961 bei 44 1595 eingebaut. Der Serienumbau begann 1963 im Raw Meiningen. Bis zum Herbst 1967 rüstete die DR insgesamt 95 Maschinen der Baureihe 44 mit einer Ölhauptfeuerung aus. Die DR konzentrierte die Ölloks in den Direktionen Erfurt (Erfurt G, Meiningen, Nordhausen, Saalfeld und Sangerhausen), Greifswald (Eberswalde), Halle (Halle G) und Schwerin (Güstrow, Rostock und Wittenberge). Aufgrund der 1981 einsetzenden Ölkrise mussten die Maschinen jedoch binnen weniger Wochen abgestellt werden. Im April 1982 hatte die letzte Öl-44er ausgedient. Als Museumslok kann man heute 44 1093 in Arnstadt besichtigen.

Baureihe	44^{Öl}
Baureihen-Nr. ab 1970	44.0
Bauart	1´E h3
Betriebsgattung	G 56.20
Länge ü. Puffer (2´2´ T 34)	22.620 mm
Höchstgeschwindigkeit v/r	80/50 km/h
Zylinderdurchmesser	550 mm
Kolbenhub	660 mm
Treib- und Kuppelraddurchmesser	1.400 mm
Laufraddurchmesser v	850 mm
Kesselüberdruck	16 kp/cm^2
Rostfläche	4,7 m^2
Verdampfungsheizfläche	238,0 m^2
Dienstmasse (2/3 Vorräte)	171,0 t
Brennstoffvorrat	11,2 m^3 Heizöl[1]
Wasserkasteninhalt	34 m^3
indizierte Leistung	ca. 1.900 PS$_i$
indizierte Zugkraft (0,8)	27,38 Mp
Anmerkung: 1 später auf 13,5 m^3 vergrößert	

Foto: Archiv Dirk Endisch

Baureihe 44^{Kst} (Umbaulok; ab 1970: BR 44.9)

Der DR waren nach dem Zweiten Weltkrieg nur 335 Exemplare der Baureihe 44 verblieben. Nach der Ausmusterung kriegsbeschädigter Maschinen und der Indienststellung von zehn aus vorhandenen Teilen im LEW Hennigsdorf zusammengebauten Maschinen stieg der Bestand bis 1949 auf 339 Loks an. Diese bildeten das Rückgrat im schweren Güterzugdienst im Süden der DDR.

Durch die Umstellung der Feuerung von Steinkohle auf Braunkohlenbriketts bzw. Rohbraunkohle ging die Leistung der 44er zurück und die körperliche Belastung für die Personale nahm deutlich zu. Daher beschloss die DR, einige Maschinen mit einer Kohlenstaubfeuerung des Systems Wendler auszurüsten. Die dazu notwendigen Arbeiten übernahm das Raw Meiningen, das am 25. Mai 1951 mit 44 674 auch die erste Staub-44er dem Betrieb übergab. Bis Ende 1951 folgten weitere elf Maschinen. 1956 folgte eine zweite Bauserie, so dass die DR ab November 1957 insgesamt 22 Loks der Baureihe 44Kst besaß. Zunächst waren Maschinen in Arnstadt, Halle G, Leipzig-Wahren und Meiningen im Einsatz. Ab 1967 war die Baureihe 44Kst nur noch in Arnstadt stationiert. Dort wurde am 11. Dezember 1974 auch die letzte Lok ihrer Baureihe ausgemustert.

Baureihe	44^{Kst}
Baureihen-Nr. ab 1970	44.9
Bauart	1'E h2
Betriebsgattung	G 56.20
Länge ü. Puffer (2'2' T 24 Kst)	23.202 mm
Höchstgeschwindigkeit v/r	80/50 km/h
Zylinderdurchmesser	550 mm
Kolbenhub	660 mm
Treib- und Kuppelraddurchmesser	1.400 mm
Laufraddurchmesser v	850 mm
Kesselüberdruck	16 kp/cm^2
Rostfläche	4,55 m^2
Verdampfungsheizfläche	238,0 m^2
Dienstmasse (2/3 Vorräte)	156,8 t
Brennstoffvorrat	21 m^3 Kohlenstaub
Wasserkasteninhalt	22 m^3
indizierte Leistung	ca. 1.900 PS$_i$
indizierte Zugkraft (0,8)	27,38 Mp

Foto: Thomas Rieger, Archiv Dirk Endisch

Baureihe 50.35 (Rekolok; ab 1970: BR 50.3)

Die DR hatte ihre 317 Maschinen der Baureihe 50 Anfang der 1950er-Jahre in den Direktionen Dresden, Magdeburg und Schwerin konzentriert. Hier bildeten sie vielerorts das Rückgrat in der Zugförderung. Ihr Einsatzspektrum reichte vom schweren Güterzug, über den Rangier- und Nahgüterzugdienst bis hin zu Eil- und Schnellzügen. Doch ab 1955 nahmen die Schäden an den St 47 K-Kesseln erheblich zu. Das Raw Stendal schlug daher den Einbau neuer Dampferzeuger vor. Bei dieser Gelegenheit sollten auch gleich bauarttypische Mängel beseitigt werden. Die Entwicklung des als Typ »50 E« bezeichneten Verbrennungskammer-Kessels, der auch für die Baureihen 52.80 und 58.30 bestimmt war, begann 1956 im LKM Babelsberg, wo im April 1957 auch die Produktion begann. Am 12. November 1957 stellte das Raw Stendal mit der späteren 50 3501 die erste Reko-Dampflok der DR fertig. Bis 1962 verließen insgesamt 208 Maschinen der Baureihe 50.35 das Raw Stendal. Die DR konzentrierte die Reko-50er in der Rbd Magdeburg. Dort endete mit 50 3559 am 29. Oktober 1988 auch die Dampflokzeit auf den Regelspurgleisen der DR. Bis heute sind zwar rund 65 Exemplare der Baureihe 50.35 erhalten geblieben, doch davon sind nicht einmal fünf Maschinen betriebsfähig.

Baureihe	50.35
Baureihen-Nr. ab 1970	50.3
Baureihen-Nr. ab 1992	050
Bauart	1´E h2
Betriebsgattung	G 56.15
Länge ü. Puffer (2´2´ T 26)	22.940 mm
Höchstgeschwindigkeit v/r	80/50 km/h
Zylinderdurchmesser	600 mm
Kolbenhub	660 mm
Treib- und Kuppelraddurchmesser	1.400 mm
Laufraddurchmesser v	850 mm
Kesselüberdruck	16 kp/cm^2
Rostfläche	3,71 m^2
Verdampfungsheizfläche	172,3 m^2
Dienstmasse (2/3 Vorräte)	136,3 t
Brennstoffvorrat	8 t
Wasserkasteninhalt	26 m^3
indizierte Leistung	1.760 PS$_i$
indizierte Zugkraft (0,8)	21,72 Mp

Foto: Peter Gericke, Archiv Dirk Endisch

Baureihe 50.40 (Neubaulok; ab 1970: BR 50.4)

Die DR benötigte Anfang der 1950er-Jahre eine leistungsfähige Dampflok, die in erster Linie die inzwischen betagten preußischen Gattungen und teilweise die Baureihe 52 ersetzen sollte. Der 1952 ausgearbeitete erste Typenplan sah dafür die Baureihe 42(neu) vor. Allerdings bestanden hinsichtlich der Notwendigkeit dieser Type bei der DR unterschiedliche Meinungen. Nach einer Befragung der Reichsbahndirektionen 1954 beschloss die DR die Beschaffung einer 1´Eh2-Maschine in Anlehnung an die Baureihe 50. Um Kosten und Zeit zu sparen, ordnete der Minister für Verkehrswesen, Erwin Kramer (1902–1979), für die Entwicklung der als Baureihe 50.40 bezeichneten Type die Verwendung möglichst vieler Teile der Baureihe 23.10 an, von der u.a. Kessel, Tender und Führerhaus übernommen wurden. Bereits im Herbst 1956 lieferte der LKM Babelsberg die beiden Baumuster ab. Bei den Messfahrten überzeugte die Baureihe 50.40 durch ihre hohe Leistung und den sehr guten Wirkungsgrad. Die Schwachstelle der Konstruktion, der falsch ausgelegte Blechrahmen, wurde jedoch nicht überarbeitet. So begann 1959 die Serienlieferung der Baureihe 50.40. Mit der Indienststellung der 50 4088 am 4. Januar 1961 endete offiziell der Bau von neuen Dampfloks in der DDR. Keine 20 Jahre später, im November 1980, schied die letzte Neubau-50er aus dem Plandienst aus.

Baureihe	**50.40**
Baureihen-Nr. ab 1970	**50.4**
Bauart	**1´E h2**
Betriebsgattung	**G 56.15**
Länge ü. Puffer (2´2´ T 28)	**22.600 mm**
Höchstgeschwindigkeit v/r	**80/50 km/h**
Zylinderdurchmesser	**600 mm**
Kolbenhub	**660 mm**
Treib- und Kuppelraddurchmesser	**1.400 mm**
Laufraddurchmesser v	**850 mm**
Kesselüberdruck	**16 kp/cm²**
Rostfläche	**3,71 m²**
Verdampfungsheizfläche	**159,6 m²**
Dienstmasse (2/3 Vorräte)	**136,7 t**
Brennstoffvorrat	**10 t**
Wasserkasteninhalt	**28 m³**
indizierte Leistung	**1.760 PS_i**
indizierte Zugkraft (0,8)	**21,72 Mp**

Foto: Thomas Rieger, Archiv Dirk Endisch

Baureihe 50.50 (Reko- und Umbaulok; ab 1970: 50.0)

Bei den ersten Planungen der DR hinsichtlich des Umbaus von Dampfloks auf Ölhauptfeuerung spielte die Baureihe 50.35 zunächst keine Rolle. Erst 1963 schlugen die Direktionen Greifswald und Schwerin die Umrüstung einiger Reko-50er vor. 1965 erhielt das Raw Stendal schließlich den Auftrag, die Machbarkeit zu prüfen und die notwendigen Zeichnungen zu erstellen. Der Kostenvoranschlag belief sich auf rund 48.000 Mark pro Lok. Der Umbau der ersten Reko-50er auf Ölhauptfeuerung begann 1965, verzögerte sich jedoch durch die schleppende Bereitstellung des benötigten Materials. Erst am 31. Januar 1966 konnte die ehemalige 50 3567 als 50 5001 auf ihre erste Probefahrt gehen. Bereits wenig später begann der Serienumbau. Bis zum Frühjahr 1967 stellte die DR zunächst 42 ölgefeuerte Reko-50er in Dienst. In den Jahren 1970/71 folgte eine zweite Serie mit 30 Maschinen.

Die DR wies die Maschinen bevorzugt den Bahnbetriebswerken Angermünde, Pasewalk, Rostock, Wismar und Wittenberge zu. Im Sommer 1981 setzten nur noch Angermünde und Wittenberge die Baureihe 50.0 in der Zugförderung ein. Im Frühjahr 1982 hatten die letzten Öl-50er ausgedient. Allein der 50 0072 des BEM Nördlingen blieb der Weg zum Schrottplatz erspart.

Baureihe	50.50
Baureihen-Nr. ab 1970	50.0
Bauart	1´E h2
Betriebsgattung	G 56.15
Länge ü. Puffer (2´2´T 26)	22.940 mm
Höchstgeschwindigkeit v/r	80/50 km/h
Zylinderdurchmesser	600 mm
Kolbenhub	660 mm
Treib- und Kuppelraddurchmesser	1.400 mm
Laufraddurchmesser v	850 mm
Kesselüberdruck	16 kp/cm^2
Rostfläche	3,71 m^2
Verdampfungsheizfläche	172,3 m^2
Dienstmasse (2/3 Vorräte)	139 t
Brennstoffvorrat	11,2 m^3 Heizöl
Wasserkasteninhalt	26 m^3
indizierte Leistung	ca. 1.800 PS_i
indizierte Zugkraft (0,8)	21,72 Mp

Foto: Thomas Rieger, Archiv Dirk Endisch

Baureihe 52 (Umbaulok, ab 1970: BR 52.1)

In den Reichsbahndirektionen Berlin, Cottbus und Halle (Saale) wickelten in den 1950er-Jahren die Kriegsloks der Baureihe 52 den überwiegenden Teil des Güterverkehrs ab. Ende 1956 gehörten noch 684 Maschinen zum Betriebspark der DR. Seit dem Sommer 1955 verzeichnete das für die Unterhaltung der Loks zuständige Raw Stendal vermehrt Schäden an den Krauss-Helmholtz-Lenkgestellen der Loks. Ursache dafür waren die zu schwach ausgeführten Bleche. Den nun notwendigen Einbau neuer Lenkgestelle verband das Raw Stendal mit einer Generalreparatur (GR) für zunächst 20 Maschinen. Diese sollten außerdem mit einem neuen Stehkessel, einer Mischvorwärmer-Anlage und Achslagerstellkeilen ausgerüstet werden. Um Platz für den Mischkasten zu schaffen, musste die Rauchkammer um 200 mm verlängert werden. Da der Überlauf-Mischbehälter auf dem Rahmen montiert wurde, verlegte man einen Hauptluftbehälter auf das rechte Umlaufblech. Die ersten GR-52er verließen 1959 das Raw Stendal. Bis 1964 wurden 69 Maschinen umgebaut. Bei späteren Hauptuntersuchungen tauschte das Raw Stendal die Kessel mit Mischvorwärmern gegen andere Dampferzeuger. Als letzte GR-Maschine wurde 52 5448 im Herbst 1986 abgestellt. Sie blieb – ebenso wie zwei andere GR-52er – für die Nachwelt erhalten.

Baureihe	52
Baureihen-Nr. ab 1970	52.1
Bauart	1´E h2
Betriebsgattung	G 56.15
Länge ü. Puffer (2´2´ T 30)	22.975 mm
Höchstgeschwindigkeit v/r	80/50 km/h
Zylinderdurchmesser	600 mm
Kolbenhub	660 mm
Treib- und Kuppelraddurchmesser	1.400 mm
Laufraddurchmesser v	850 mm
Kesselüberdruck	16 kp/cm²
Rostfläche	3,9 m²
Verdampfungsheizfläche	177,6 m²
Dienstmasse (2/3 Vorräte)	?
Brennstoffvorrat	10 t
Wasserkasteninhalt	30 m³
indizierte Leistung	1.620 PS_i
indizierte Zugkraft (0,8)	21,72 Mp

44 0616-1

Foto: Thomas Rieger, Archiv Dirk Endisch

Foto: Thomas Rieger, Archiv Dirk Endisch

Baureihe 52.80 (Rekolok; ab 1970: BR 52.8)

Die Baureihe 52 gehörte zu den wichtigsten Dampfloks der DR. Die ursprünglich für eine Einsatzdauer von lediglich fünf Jahren konzipierten Kriegsloks wiesen ab Mitte der 1950er-Jahre erhebliche Verschleißerscheinungen auf. Neben den Krauss-Helmholtz-Lenkgestellen sorgten auch die Steh- und Langkessel für einen erhöhten Reparaturaufwand. Da die DR jedoch langfristig noch nicht auf die Baureihe 52 verzichten konnte, mussten die Maschinen grundlegend modernisiert werden. Die zunächst erwogene Rekonstruktion wurde aber am 4. Oktober 1956 zu Gunsten der Generalreparatur (GR) verworfen. Doch die GR war aufgrund der Arbeiten am Kessel sehr teuer. Das Raw Stendal rechnete mit bis zu 75.000 Mark je Lok für eine GR. Für eine Reko-52er wurden einschließlich Verbrennungskammer-Kessel nur 72.000 Mark veranschlagt. Daher entschied sich die DR noch für die Reko-52er, deren erstes Exemplar am 23. September 1960 in Dienst gestellt wurde. Mit der Abnahme der 52 8200 am 22. Dezember 1967 endete offiziell das Reko-Programm der DR. Erst im Mai 1988 hatten die letzten Exemplare der Baureihe 52.80 in der Oberlausitz und in Leipzig ausgedient. Rund 100 Maschinen entgingen dem Schneidbrenner, von denen aber nur ein halbes Dutzend Exemplare betriebsfähig sind.

Baureihe	52.80
Baureihen-Nr. ab 1970	52.8
Baureihen-Nr. ab 1992	052
Bauart	1´E h2
Betriebsgattung	G 56.15
Länge ü. Puffer (2´2´T 30)	22.975 mm
Höchstgeschwindigkeit v/r	80/50 km/h
Zylinderdurchmesser	600 mm
Kolbenhub	660 mm
Treib- und Kuppelraddurchmesser	1.400 mm
Laufraddurchmesser v	850 mm
Kesselüberdruck	16 kp/cm²
Rostfläche	3,71 m²
Verdampfungsheizfläche	172,3 m²
Dienstmasse (2/3 Vorräte)	134,9 t
Brennstoffvorrat	10 t
Wasserkasteninhalt	30 m³
indizierte Leistung	ca. 1.760 PS_i
indizierte Zugkraft (0,8)	21,72 Mp

Foto: Thomas Rieger, Archiv Dirk Endisch

Baureihe 52^{Kst} (Umbaulok; ab 1970: BR 52.9)

Im ersten Umbauprogramm der DR für Kohlenstaubloks spielte die Baureihe 52 zunächst keine Rolle. Der im November 1950 beschlossene Plan sah lediglich die Umrüstung der Güterzugloks der Baureihen 44 und 58 vor. Als 1952 die Fortführung des Programms diskutiert wurde, schlug die Rbd Cottbus die Umrüstung einiger 52er vor. Dafür sprachen der Einsatz der Kriegsloks im schweren Güterzugdienst und die Nähe der Rbd Cottbus zur Braunkohlenindustrie in der Lausitz. Daher beschloss die DR im Frühjahr 1953 den Umbau von 29 Loks der Baureihe 52 auf Kohlenstaubfeuerung der Bauart Wendler. Nur wenig später begannen im Raw Stendal die Arbeiten an den ersten beiden Maschinen. Bereits am 23. März 1953 wurde 52 3594 als erste Kohlenstaub-52er in Dienst gestellt. Bis 1954 wurden elf weitere Maschinen umgebaut. Zwischen 1956 und 1958 ließ die DR noch einmal 13 Kriegsloks mit einer Wendler-Feuerung ausrüsten. Die 25 Staub-52er waren im Bw Senftenberg stationiert und wurden meist im schweren Güterzugdienst eingesetzt. Ab 1975 waren sie die letzten Kohlenstaub-Maschinen der DR. Am 28. September 1979 wurde die letzte von ihnen abgestellt. Glücklicherweise blieb 52 9900-3 (ex 52 4900) als Museumslok in Halle (Saale) erhalten.

Baureihe	52^{Kst}
Baureihen-Nr. ab 1970	52.9
Bauart	1´E h2
Betriebsgattung	G 56.15
Länge ü. Puffer (2´2´ T 24 Kst)	22.975 mm
Höchstgeschwindigkeit v/r	80/50 km/h
Zylinderdurchmesser	600 mm
Kolbenhub	660 mm
Treib- und Kuppelraddurchmesser	1.400 mm
Laufraddurchmesser v	850 mm
Kesselüberdruck	16 kp/cm²
Rostfläche	3,9 m²
Verdampfungsheizfläche	177,6 m²
Dienstmasse (2/3 Vorräte)	131,4 t
Brennstoffvorrat	21 m³ Kohlenstaub
Wasserkasteninhalt	22 m³
indizierte Leistung	ca. 1.800 PS_i
indizierte Zugkraft (0,8)	21,72 Mp

Foto: Thomas Rieger, Archiv Dirk Endisch

Baureihe 58.30 (Rekolok; ab 1970: BR 58.3)

Der DR verblieben nach dem Zweiten Weltkrieg 428 Maschinen der Baureihe 58 (ex preußische G 12), die vor allem in den Direktionen Dresden, Erfurt und Halle (Saale) das Rückgrat im schweren Güterzugdienst bildeten. Allerdings besaß die G 12 zwei grundlegende Mängel: Zum einen verbrauchte das Triebwerk mehr Dampf, als der Kessel liefern konnte, zum anderen führte die vielteilige Steuerung für den Mittelzylinder zu einer ungenauen Dampfverteilung und verursachte hohe Unterhaltungskosten. Da die ursprünglich geplante Beschaffung neuer Dampfloks scheiterte, wurden einige G 12 im Rahmen des Reko-Programms grundlegend modernisiert. Die konstruktiven Arbeiten dazu begannen 1957 und umfassten sowohl den Einbau eines Verbrennungskammer-Kessels des Typs »50 E« als auch die Ausrüstung mit einem Mischvorwärmer und einem neuen Führerhaus. Außerdem wurde die Steuerung für den mittleren Zylinder geändert. Das Raw Zwickau übergab am 31. März 1958 mit 58 3001 die erste Reko-G 12, von der bis 1962 insgesamt 56 Maschinen fertig gestellt wurden. Die Baureihe 58.30 überzeugte durch ihre enorme Leistung. Die Loks waren meist in Thüringen und Sachsen im Einsatz. Das Bw Glauchau stellte im Februar 1981 die letzten Reko-G 12 ab, von denen zwei als Museumsloks noch vorhanden sind.

Baureihe	58.30
Baureihen-Nr. ab 1970	58.3
Baureihen-Nr. ab 1992	058
Bauart	1´E h3
Betriebsgattung	G 56.16
Länge ü. Puffer (2´2´ T 28)	22.110 mm
Höchstgeschwindigkeit v/r	70/50 km/h
Zylinderdurchmesser	570 mm
Kolbenhub	660 mm
Treib- und Kuppelraddurchmesser	1.400 mm
Laufraddurchmesser v	1.000 mm
Kesselüberdruck	16 kp/cm^2
Rostfläche	3,71 m^2
Verdampfungsheizfläche	172,3 m^2
Dienstmasse (2/3 Vorräte)	148,0 t
Brennstoffvorrat	10 t
Wasserkasteninhalt	28 m^3
indizierte Leistung	1.620 PS$_i$
indizierte Zugkraft (0,8)	26,0 Mp

Foto: Slg. Klaus-Jürgen Kühne

Baureihe 58^{Kst} (Umbaulok)

Mit der Baureihe 58 begann die Ära der Kohlenstaubloks bei der DR. Angesichts der fehlenden Steinkohle für die Lokfeuerung schlug Hans Wendler (1905–1989) bereits am 28. Dezember 1945 der DR den Umbau von Dampfloks auf Kohlenstaubfeuerung vor. Doch erst Ende 1947 griff die DR diese Idee auf und beauftragte Wendler mit der Entwicklung einer betriebstauglichen Kohlenstaubfeuerung. Im Unterschied zu den Entwicklungen der Vorkriegszeit verzichtete Wendler auf mechanische Fördereinrichtungen und Gebläse und entwickelte eine pneumatische Kohlenstaubfeuerung, mit der 1949 erstmals 58 1353 ausgerüstet wurde. Es verging aber noch einige Zeit, bis die Wendler-Feuerung ihre Serienreife erreicht hatte und der Umbau weiterer Loks der Baureihe 58 beginnen konnte. Bis Ende 1951 wurden 54 Maschinen umgerüstet. Durch Rückbauten schrumpfte der Bestand bis 1955 auf 42 Loks, die in Arnstadt, Halle G und Dresden-Friedrichstadt stationiert waren und meist schwere Güterzüge bespannten. Ab 1965 setzte nur noch das Bw Dresden-Friedrichstadt die Baureihe 58Kst ein. Die letzten drei Maschinen schieden am 8. Juni 1967 aus dem Betriebsdienst aus.

Baureihe	58^{Kst}
Bauart	1´E h3
Betriebsgattung	G 56.16
Länge ü. Puffer (pr 2´2´ T 26Kst)	20.435 mm
Höchstgeschwindigkeit v/r	65/50 km/h
Zylinderdurchmesser	570 mm
Kolbenhub	660 mm
Treib- und Kuppelraddurchmesser	1.400 mm
Laufraddurchmesser v	1.000 mm
Kesselüberdruck	14 kp/cm^2
Rostfläche	3,90 m^2
Verdampfungsheizfläche	191,46 m^2
Dienstmasse (2/3 Vorräte)	146,0 t
Brennstoffvorrat	22,5 m^3 Kohlenstaub
Wasserkasteninhalt	23 m^3
indizierte Leistung	ca. 1.600 PS_i
indizierte Zugkraft (0,8)	25,73 Mp

58 3028-6

Foto: Thomas Rieger, Archiv Dirk Endisch

Foto: Thomas Rieger, Archiv Dirk Endisch

Baureihe 65.10 (Neubaulok; ab 1970: BR 65.1)

Die Baureihe 65.10 war die erste Neubau-Dampflok der DR aus dem 1952 vorgelegten Typenplan. Bereits 1950 meldete die DR Bedarf an einer leistungsfähigen Tenderlok für den schweren Reisezugdienst an. Die Maschine sollte für die Verfeuerung von Braunkohlenbriketts ausgelegt sein und die Baureihen 74, 75, 78, 86, 93 und 94 ersetzen. Bereits am 4. Februar 1951 beauftragte die DR den LEW Hennigsdorf mit der Entwicklung der gewünschten Type. Doch aufgrund zahlloser Diskussionen verzögerten sich die Arbeiten, die ab 1953 dem Institut für Schienenfahrzeuge (IfS) oblagen, bis Ende 1954. Nur wenig später lieferte der LEW Hennigsdorf die beiden Baumuster. Die Versuche der FVA Halle (Saale) brachten erhebliche konstruktive Mängel zu Tage, die jedoch nur teilweise beseitigt werden konnten. Bis 1957 stellte die DR insgesamt 88 Maschinen in Dienst, die durch ihre Beschleunigung und Zugkraft überzeugten. Die Probleme mit dem Kessel – er neigte leicht zum Erschöpfen – konnten durch den Einbau eines Giesl-Flachejektors (1966–1968) gelöst werden. Bereits Anfang der 1970er-Jahre trennte sich die DR von den ersten Exemplaren der Baureihe 65.10. Im September 1979 hatte die letzte Maschine in der Zugförderung ausgedient. Lediglich drei Loks blieb der Weg zum Schrottplatz erspart.

Baureihe	65.10
Baureihen-Nr. ab 1970	65.1
Baureihen-Nr. ab 1992	065
Bauart	1'D 2'h2t
Betriebsgattung	Pt 47.17
Länge ü. Puffer	17.500 mm
Höchstgeschwindigkeit v/r	90/90 km/h
Zylinderdurchmesser	600 mm
Kolbenhub	660 mm
Treib- und Kuppelraddurchmesser	1.600 mm
Laufraddurchmesser v/h	1.000/1.000 mm
Kesselüberdruck	16 kp/cm^2
Rostfläche	3,45 m^2
Verdampfungsheizfläche	147,44 m^2
Dienstmasse (2/3 Vorräte)	113,0 t
Brennstoffvorrat	9 t
Wasserkasteninhalt	16 m^3
indizierte Leistung	1.500 PS$_i$
indizierte Zugkraft (0,8)	19,01 Mp

Foto: S g. Klaus-Jürgen Kühne

Baureihe 79.0 (Umbaulok)

Nach dem Zweiten Weltkrieg verblieben zahlreiche französische Dampfloks in der SBZ. Dazu gehörte auch die aus dem Elsass stammende 242 TA 602. Der Leiter der FVA Halle (Saale), Max Baumberg, meldete Bedarf an der mächtigen Tendermaschine als Bremslok an. Das Vierzylinder-Verbundtriebwerk und ihre hohe Reibungsmasse ließen die 242 TA 602 dafür geeignet erscheinen. Das Raw Zwickau begann am 26. Oktober 1951 mit der Instandsetzung der Maschine, die mit deutschen Normteilen und einer Riggenbach-Gegendruckbremse ausgerüstet wurde. Ab 1. Juli 1952 gehörte die in 79 001 umgezeichnete Maschine zum Bestand der FVA Halle (Saale). Doch weder als Bremslok noch im Plandienst konnte die Lok überzeugen. Ihre schlechten Laufeigenschaften brachten der 79 001 den Spitznamen »Gurkenhobel« ein. Bereits bei 80 km/h geriet die Lok derart ins Wanken, dass kaum ein Lokführer es wagte, die erlaubten 110 km/h auszufahren. Bereits 1964 wurde die Lok z-gestellt. Zwei Jahre später musterte die DR 79 001 aus und gab sie zur Verschrottung frei.

Baureihe	79.0
Bauart	2´D2´h4v
Betriebsgattung	Pt 48.17
Länge ü. Puffer	17.745 mm
Höchstgeschwindigkeit v/r	110/110 km/h
Zylinderdurchmesser (HD/ND)	420/630 mm
Kolbenhub	650 mm
Treib- und Kuppelraddurchmesser	1.660 mm
Laufraddurchmesser v/h	1.100/1.100 mm
Kesselüberdruck	15 kp/cm²
Rostfläche	3,09 m²
Verdampfungsheizfläche	156,7 m²
Dienstmasse (2/3 Vorräte)	121,75 t
Brennstoffvorrat	8 t
Wasserkasteninhalt	14,3 m³
indizierte Leistung	?
indizierte Zugkraft (0,8)	?

Foto: Archiv Dirk Endisch

Baureihe 83.10 (Neubaulok; ab 1970: BR 83.1)

Der Fahrzeugpark der DR befand sich Ende der 1940er-Jahre in einem Besorgnis erregenden Zustand. Die meisten Loks waren überaltert und verschlissen. Das galt besonders für die auf Nebenbahnen eingesetzten Maschinen. Aus diesem Grund beauftragte die DR bereits 1950 den LEW Hennigsdorf mit der Entwicklung einer modernen Nebenbahn-Dampflok. 1952 lagen schließlich die Entwürfe für eine 1´D2´h2-Tenderlok vor. Die Lieferung des Prototypen der Baureihe 83.10 erfolgte jedoch erst Anfang 1955. Die Versuchsfahrten der FVA Halle (Saale) waren ein Desaster. 83 1001 offenbarte zahlreiche Konstruktions- und Fertigungsmängel. Die seitens der FVA empfohlenen Änderungen konnten jedoch nicht mehr berücksichtigt werden, da bereits im Sommer 1955 die Serienlieferung der Baureihe 83.10 begann. Bis Oktober 1955 stellte die DR insgesamt 27 Exemplare in Dienst. Die DR konzentrierte die Loks zunächst in den Direktionen Halle (Saale) und Magdeburg. Ab 1969 waren die Maschinen nur noch in Haldensleben und Saalfeld stationiert. Drei Jahre später wurde die letzte von ihnen abgestellt.

Baureihe	83.10
Baureihen-Nr. ab 1970	83.1
Bauart	1´D 2´h2t
Betriebsgattung	Gt 47.15
Länge ü. Puffer	15.000 mm
Höchstgeschwindigkeit v/r	60/60 km/h
Zylinderdurchmesser	500 mm
Kolbenhub	660 mm
Treib- und Kuppelraddurchmesser	1.250 mm
Laufraddurchmesser v/h	850/850 mm
Kesselüberdruck	14 kp/cm^2
Rostfläche	2,5 m^2
Verdampfungsheizfläche	106,16 cm^2
Dienstmasse (2/3 Vorräte)	92,4 t
Brennstoffvorrat	8 t
Wasserkasteninhalt	14 m^3
indizierte Leistung	1.100 PS$_i$
indizierte Zugkraft (0,8)	14,78 Mp

Foto: Thomas Rieger, Archiv Dirk Endisch

Baureihe $95^{\text{Öl}}$ (Umbaulok; ab 1970: BR 95.0)

Die Baureihe 95 (ex preußische T 20) bildete über Jahrzehnte hinweg das Rückgrat auf den Gebirgsstrecken des Thüringer Waldes. Während der Vorarbeiten zur Umrüstung einiger Dampflok-Typen auf Ölhauptfeuerung brachte die Rbd Erfurt 1963 auch die T 20 ins Gespräch. Das Bw Probstzella konnte auf die Maschinen in absehbarer Zeit noch nicht verzichten. Der Umbau auf Ölhauptfeuerung brachte aus Sicht der Direktion erhebliche Vorteile, wie z.B. einen größeren Aktionsradius, einen geringeren Brennstoffverbrauch und geringere Betriebskosten. Vor diesem Hintergrund ließ die DR im Sommer 1964 die 95 004 im Raw Meiningen mit einer Ölhauptfeuerung ausrüsten. Bei den anschließenden Messfahrten der VES-M Halle (Saale) erreichte die Maschine eine effektive Leistung von bis zu 1.550 PSe. 1966 beschloss die DR den Umbau von zunächst 18 Maschinen. Doch kaum waren die letzten Exemplare 1967 in Dienst gestellt, meldete das Bw Probstzella zusätzlichen Bedarf an. Bis 1973 wurden weitere T 20 mit einer Ölhauptfeuerung ausgerüstet. Die 24 Ölloks waren im Bw Probstzella stationiert. Ab dem Frühjahr 1980 ersetzte die DR die Baureihe 95Öl schrittweise durch Dieselloks der Baureihe 119. Am 28. Februar 1981 endete der Einsatz der Ölloks offiziell. Neben den auf Kohlefeuerung zurückgebauten 95 016 und 95 027 blieben noch drei ölgefeuerte 95er als Museumsloks erhalten.

Baureihe	$95^{\text{Öl}}$
Baureihen-Nr. ab 1970	95.0
Bauart	1´E1´h2t
Betriebsgattung	Gt 57.19
Länge ü. Puffer	15.100 mm
Höchstgeschwindigkeit v/r	65/65 km/h
Zylinderdurchmesser	700 mm
Kolbenhub	660 mm
Treib- und Kuppelraddurchmesser	1.400 mm
Laufraddurchmesser v/h	850/850 mm
Kesselüberdruck	14 kp/cm^2
Rostfläche	4,36 m^2
Verdampfungsheizfläche	198,8 m^2
Dienstmasse (2/3 Vorräte)	122 t
Brennstoffvorrat	5,5 m^3 Heizöl
Wasserkasteninhalt	12 m^3
indizierte Leistung	ca. 1.700 PS$_i$
indizierte Zugkraft (0,8)	25,87 Mp

95 0010-9

Foto: Thomas Rieger, Archiv Dirk Endisch

Foto: Thomas Rieger, Archiv Dirk Endisch

Baureihe 99.23–24 (Neubaulok; ab 1970: BR 99.72, BR 99.02)

Die DR benötigte Anfang der 1950er-Jahre für ihre meterspurigen Schmalspurbahnen Eisfeld–Schönbrunn und Wernigerode–Nordhausen Nord/Brocken dringend leistungsfähige Dampfloks. Mit der Entwicklung der gewünschten Type wurde der LKM Babelsberg beauftragt, der sich dabei entsprechend den Wünschen der DR an den 1´E1´h2-Tenderloks der Baureihe 99.22 orientierte. Am 5. Mai 1954 bestellte die DR die ersten sieben Exemplare, die ab Januar 1955 geliefert wurden. Typisch für die Maschinen waren der geschweißte Blechrahmen, der geschweißte Kessel und die Mischvorwärmer-Anlage. Allerdings verliefen die ersten Einsätze der Baureihe 99.23–24 auf der Harzquerbahn ernüchternd. Das Laufwerk war eine Fehlkonstruktion und musste überarbeitet werden. Die zweite Serie der 99.23–24 besaß daher Schwartzkopff-Eckhardt-Lenkgestelle. Bis 1957 stellte die DR insgesamt 17 Maschinen in Dienst, von denen vier in Thüringen stationiert waren. 1973 kamen auch sie zum Bw Wernigerode. Zwischen 1977 und 1981 ließ die DR alle Maschinen mit einer Ölhauptfeuerung (Baureihe 99.02) ausrüsten. Bis 1984 wurden sie wieder auf Kohlefeuerung zurückgebaut. Seit 1993 gehören die Loks der Harzer Schmalspurbahnen GmbH, die derzeit zehn Exemplare betriebsfähig vorhält.

Baureihe	99.23–24
Baureihen-Nr. ab 1970	99.72 / 99.02
Bauart	1´E 1´h2t
Betriebsgattung	K 57.10
Länge ü. Puffer	11.730 mm
Höchstgeschwindigkeit v/r	40/40 km/h
Zylinderdurchmesser	500 mm
Kolbenhub	500 mm
Treib- und Kuppelraddurchmesser	1.000 mm
Laufraddurchmesser v/h	550/550 mm
Kesselüberdruck	14 kp/cm^2
Rostfläche	2,8 m^2
Verdampfungsheizfläche	95,5 m^2
Dienstmasse (2/3 Vorräte)	60,5 t
Brennstoffvorrat	4,0 t
Wasserkasteninhalt	8 m^3
indizierte Leistung	700 PS$_i$
indizierte Zugkraft	10,5 Mp

Foto: Klaus-Jürgen Kühne

Baureihe 99.33 (Neubaulok; ab 1970: BR 99.23)

Mitte der 1950er-Jahre benötigte die DR dringend neue Dampfloks für die 900 mm-Schmalspurbahn Bad Doberan–Kühlungsborn West. Dort waren neben den drei 1´D´1´h2-Tenderloks der Baureihe 99.32 noch zwei Dn2t-Maschinen der Baureihe 99.31 vorhanden. Letztere mussten jedoch dringend ersetzt werden. Da die Beschaffung fabrikneuer Maschinen aus Kostengründen ausschied, erwarb die DR von der SDAG Wismut 1958/59 drei Dn2-Tenderloks, die als Baureihe 99.33 bezeichnet wurde.

Die Maschinen gehörten zu einem 1949 vom LKM Babelsberg und der LOWA konzipierten Typenprogramm für Werkbahn-Dampfloks. Das Lieferprogramm umfasste Nass- und Heißdampfloks mit den Achsfolgen B, C und D, die in den Spurweiten zwischen 750 und 1.524 mm gebaut werden konnten. Die Wismut erwarb 1950/51 insgesamt elf Vierkuppler. Vor dem Einsatz auf dem »Molli« erhielten die Maschinen im Raw Görlitz eine Hauptuntersuchung, bei der sie u.a. mit neuen, oben abgeschrägten Führerhäusern und einer Druckluftbremse ausgerüstet wurden. 1960/61 wurden 99 331 und 99 332 auf Heißdampf umgebaut. In Kühlungsborn dienten die Wismut-Maschinen meist als Reserve. 99 333 wurde bereits 1968 ausgemustert. Die beiden anderen sind noch immer beim »Molli« stationiert. 99 332 dient jedoch seit 1995 nur noch als Denkmal.

Baureihe	99.33
Baureihen-Nr. ab 1970	99.23
Baureihen-Nr. ab 1992	099 904, 099 905
Bauart	D h2t
Betriebsgattung	K 44.8
Länge ü. Puffer	8.860 mm
Höchstgeschwindigkeit v/r	35/35 km/h
Zylinderdurchmesser	370 mm
Kolbenhub	400 mm
Treib- und Kuppelraddurchmesser	800 mm
Kesselüberdruck	14 kp/cm^2
Rostfläche	1,6 m^2
Verdampfungsheizfläche	42,89 m^2
Dienstmasse (2/3 Vorräte)	30,5 t
Brennstoffvorrat	2,2 t
Wasserkasteninhalt	3,4 m^3
effektive Leistung	230 PS$_e$
indizierte Zugkraft	5,75 Mp

Foto: Thomas Rieger, Archiv Dirk Endisch

Baureihe 99.51–60 (Umbaulok; ab 1970: BR: 99.15)

Die Gelenk-Maschinen der Baureihe 99.51–60 (ex sächsische IV K) wickelten Anfang der 1950er-Jahre auf vielen Bimmelbahnen in Sachsen den Verkehr ab. Ab 1952 setzte die DR die IV K auch auf den Schmalspurbahnen in der Prignitz und auf der Insel Rügen ein. Insgesamt 57 Meyer-Loks hielt die DR vor. Doch der technische Zustand der IV K verschlechterte sich in der zweiten Hälfte der 1950er-Jahre zusehends. Aber die Pläne der DR zur Beschaffung einer neuen Dampf- bzw. einer modernen Diesellok scheiterten. Daher schlug das Raw Görlitz für die IV K eine Generalreparatur (GR) vor. Deren Kernstück war der Einbau eines geschweißten Ersatzkessels, den das Raw Halberstadt entwickelte. Nach der Fertigstellung der ersten beiden GR-Loks (99 553 und 99 555) zeigte sich, dass auch die Rahmen und Drehgestelle zahlreicher IV K ersetzt werden mussten. Der nun notwendige Arbeitsumfang lag weit über dem einer GR, so dass die DR den Begriff der »Großteilerneuerung« einführte. Als erste großteilerneuerte IV K verließ 99 564 am 17. Dezember 1962 das Raw Görlitz. Bis 1967 erhielten acht IV K eine GR und 22 Maschinen eine Großteilerneuerung. Heute sind noch 18 modernisierte Loks vorhanden, von denen mehrere nach wie vor bei den sächsischen Schmalspurbahnen im Einsatz sind.

Baureihe	99.51–60
Baureihen-Nr. ab 1970	99.15
Baureihen-Nr. ab 1992	099 701 – 099 713
Bauart	B´B´n4vt
Betriebsgattung	K 44.7[1]
Länge ü. Puffer	9.000 mm
Höchstgeschwindigkeit v/r	30/30 km/h
Zylinderdurchmesser	240/400 mm
Kolbenhub	380 mm
Treib- und Kuppelraddurchmesser	760 mm
Kesselüberdruck	15 kp/cm^2
Rostfläche	0,97 m^2
Verdampfungsheizfläche	49,87 m^2
Dienstmasse (2/3 Vorräte)	29,3 t
Brennstoffvorrat	1,2 t
Wasserkasteninhalt	2,4 m^3
indizierte Leistung	220 PS$_e$
indizierte Zugkraft	4,5 Mp

Anmerkung:
1 ab 99 586: K 44.8

Foto: Archiv Dirk Endisch

Baureihe 99.64–71 (Umbaulok; ab 1970: BR 99.16)

Der DR verblieben nach dem Zweiten Weltkrieg 27 Maschinen der Baureihe 99.64–71 (ex sächsische VI K). Die Fünfkuppler waren meist auf den Strecken des Wilsdruffer Netzes und der Schmalspurbahn Radebeul Ost–Radeburg im Einsatz. Anfang der 1960er-Jahre registrierte das Raw Görlitz bei der VI K erhebliche Verschleißerscheinungen an den Kesseln. Da die Rbd Dresden mittelfristig noch nicht auf die Fünfkuppler verzichten konnte, schlug das Raw Görlitz die Beschaffung von geschweißten Ersatzkesseln vor. Zwischen 1963 und 1965 wurden dann 99 673, 99 678, 99 685, 99 692, 99 703, 99 713 und 99 715 mit neuen Dampferzeugern ausgerüstet.

Doch damit waren die Probleme noch lange nicht beseitigt, denn nun traten bei mehreren VI K erhebliche Rahmenschäden zu Tage. Das Raw Görlitz sprach sich daraufhin für die Entwicklung eines neuen Rahmens aus. Bei der geplanten Großteilerneuerung der VI K sollten dann auch Baugruppen und Komponenten der Baureihen 99.73–76 und 99.77–79 verwendet werden. Als erste großteilerneuerte VI K verließ 99 696 am 22. April 1965 das Raw Görlitz. Bis Anfang 1966 folgten 99 648, 99 653, 99 687, 99 694 und 99 706. Doch mit der schrittweisen Stilllegung des Wilsdruffer Netzes hatten die Loks nach nur wenigen Jahren ausgedient. 1975 wurden die letzten Exemplare abgestellt. Lediglich die beiden neubekesselten 99 713 und 99 715 blieben als Museumsstücke erhalten.

Foto: Archiv Dirk Endisch

Baureihe	99.64–71[1]	99.64–71[2]	99.64–71 GR
Baureihen-Nr. ab 1970	99.16	99.16	99.16
Baureihen-Nr. ab 1992	-	099 720	-
Bauart	E h2t	E h2t	E h2t
Betriebsgattung	K 55.9	K 55.9	K 55.9
Länge ü. Puffer	8.660 mm	8.990 mm	9.100 mm
Höchstgeschwindigkeit v/r	30/30 km/h	30/30 km/h	30/30 km/h
Zylinderdurchmesser	430 mm	430 mm	430 mm
Kolbenhub	400 mm	400 mm	400 mm
Treib- und Kuppelraddurchmesser	800 mm	800 mm	800 mm
Kesselüberdruck	14 kp/cm^2	14 kp/cm^2	14 kp/cm^2
Rostfläche	1,61 m^2	1,59 m^2	1,60 m^2
Verdampfungsheizfläche	64,32 m^2	64,31 m^2	63,84 m^2
Dienstmasse (2/3 Vorräte)	38,2 t	39,9 t	?
Brennstoffvorrat	2,0 t	2,5 t	2,8 t
Wasserkasteninhalt	4,5 m^3	4,5 m^3	4,05 m^3
effektive Leistung	480 PS_e	480 PS_e	480 PS_e
indizierte Zugkraft	7,77 Mp	7,77 Mp	7,77 Mp

Anmerkungen:
[1] 99 641 bis 99 655; [2] 99 671 bis 99 717

Foto: Slg. Klaus-Dieter Baedermann (†)

Baureihe 99.73–76 (Umbaulok; ab 1970: BR 99.17)

Von den Einheitsloks der Baureihe 99.73–76 verblieben der DR 22 Exemplare. Ab 1955 wickelten die Maschinen in erster Linie die Zugförderung auf den Strecken Freital-Hainsberg–Kurort Kipsdorf und Zittau–Bertsdorf–Oybin/Jonsdorf ab. Ende der 1950er-Jahre traten bei den Maschinen erste Verschleißerscheinungen auf, die jedoch im Raw Görlitz ohne nennenswerte Probleme behoben werden konnten. Die nicht mehr aufarbeitungswürdigen Kessel wurden ab 1963 durch neue geschweißte Dampferzeuger ersetzt. Als erste wurde 99 759 am 2. Oktober 1963 fertig gestellt. 1965/66 mussten weitere Einheitsloks mit einem Ersatzkessel ausgerüstet werden. Insgesamt 14 Maschinen wurden im Raw Görlitz so für eine längere Einsatzzeit ertüchtigt. Beheimatet waren die Dampfloks weiterhin in Freital-Hainsberg und Kurort Kipsdorf. Seit der Privatisierung der sächsischen Schmalspurbahnen gehören die Maschinen der Sächsisch-Oberlausitzer Eisenbahn-Gesellschaft (7 Loks) und der Sächsischen Dampfbahn GmbH (7 Loks), die einige Exemplare täglich vor Personenzügen einsetzen.

Baureihe	99.73–76
Baureihen-Nr. ab 1970	99.17
Baureihen-Nr. ab 1992	099 721 – 099 735
Bauart	1'E 1'h2t
Betriebsgattung	K 57.9
Länge ü. Puffer	10.540 mm
Höchstgeschwindigkeit v/r	30/30 km/h
Zylinderdurchmesser	450 mm
Kolbenhub	400 mm
Treib- und Kuppelraddurchmesser	800 mm
Laufraddurchmesser v/h	550/550 mm
Kesselüberdruck	14 kp/cm^2
Rostfläche	1,74 m^2
Verdampfungsheizfläche	80,30 m^2
Dienstmasse (2/3 Vorräte)	53,9 t
Brennstoffvorrat	2,5 t
Wasserkasteninhalt	5 m^3
indizierte Leistung	650 PS$_i$
indizierte Zugkraft	8,5 Mp

099 705-6

Foto: Dirk Endisch

Foto: Archiv Dirk Endisch

Baureihe 99.77–79 (Neubaulok; ab 1970: BR 99.17)

Die Schmalspur-Maschinen der Baureihe 99.77–79 waren die ersten Neubau-Dampfloks der DR nach dem Zweiten Weltkrieg. Die Reparationsforderungen der Sowjetunion hatten erhebliche Lücken in den Bestand der Schmalspur-Dampfloks der DR gerissen. Als die SAG Wismut zum Jahreswechsel 1945/46 mit dem Uranbergbau im Erzgebirge begann, fehlten der Rbd Dresden Schmalspurloks. Dies galt vor allem für die Strecke Cranzahl–Oberwiesenthal. Im Sommer 1950 erteilte die DR daher dem LKM Babelsberg den Auftrag, umgehend eine 1´E1´h2-Tenderlok für 750 mm Spurweite zu entwickeln. Am 12. August 1952 wurde das Baumuster 99 771 von der DR in Dienst gestellt. Gemäß den Vorgaben entsprach die Baureihe 99.77–79 in ihren wichtigsten Parametern den Einheitsloks der Baureihe 99.73–76. Allerdings besaßen die Neubauloks einen geschweißten Blechrahmen, größere Vorratsbehälter und einen geschweißten Kessel mit größerer Rostfläche für die Verfeuerung von Braunkohle. Die Maschinen hatten jedoch einen zu schwachen Rahmen. Bis 1957 beschaffte die DR 24 Exemplare, von denen 14 Loks in den Jahren 1991/92 im Raw Görlitz mit einem neuen Kessel und einem neuen Rahmen ausgerüstet wurden. Die Rügensche Bäderbahn (4 Loks), die Sächsisch-Oberlausitzer Eisenbahn-Gesellschaft (1 Lok) und die Sächsische Dampfbahn GmbH (16 Loks) halten die Baureihe 99.77–79 noch immer für den Plandienst vor.

Baureihe	99.77–79
Baureihen-Nr. ab 1970	99.17
Baureihen-Nr. ab 1992	099 736 – 099 757
Bauart	1´E 1´h2t
Betriebsgattung	K 57.9
Länge ü. Puffer	10.000 mm
Höchstgeschwindigkeit v/r	30/30 km/h
Zylinderdurchmesser	450 mm
Kolbenhub	400 mm
Treib- und Kuppelraddurchmesser	800 mm
Laufraddurchmesser v/h	550/550 mm
Kesselüberdruck	14 kp/cm^2
Rostfläche	2,57 m^2
Verdampfungsheizfläche	76,9 m^2
Dienstmasse (2/3 Vorräte)	51,9 t
Brennstoffvorrat	4,0 t
Wasserkasteninhalt	5,8 m^3
indizierte Leistung	650 PS$_i$
indizierte Zugkraft	8,5 Mp

Foto: Thomas Rieger, Archiv Dirk Endisch

Foto: Thomas Rieger, Archiv Dirk Endisch

Foto: Dirk Endisch

Baureihe 99.140 (Neubaulok)

Zu den interessantesten Dampfloks der DDR gehörte die 99 1401. Die SMAD beauftragte am 15. April 1946 die »Lokomotivfabrik Orenstein & Koppel« (ab 1948: LKM Babelsberg) mit dem Bau von 500 Dh2-Schlepptenderloks für 750 mm Spurweite. Dieser Auftrag gehörte zu den von der SBZ zu erbringenden Reparationen. Daher wurden die Loks auch als »Germanski reparazija« (Gr) bezeichnet. Bereits am 30. April 1947 wurde das Baumuster Gr-001 vorgestellt. 1947 begann die Serienfertigung der »Gr«, von der bis 1956 insgesamt 423 Exemplare gebaut wurden. Lediglich vier Loks verblieben in der DDR. Eine Lok erhielt der VEB Stahl- und Walzwerk Hennigsdorf. Zwei Maschinen übernahm 1954 die Werkbahn des VEB Mansfeld-Kombinats, wo die Loks bis 1969 im Einsatz war. Das Baumuster war ab 1948 auf der Strecke Glöwen–Havelberg im Einsatz und trug ab Herbst 1953 die Betriebs-Nr. 99 1401. Die DR stellte die Lok 1967 ab.

Der Verein »Mansfelder Bergwerksbahn e.V.« (MBB) erwarb 1995 in Estland die Gr-320 und holte sie nach Deutschland zurück. In mühevoller Kleinarbeit wurde die Maschine anschließend betriebsfähig aufgearbeitet. Seit ihrer Abnahme am 24. Mai 2004 absolvierte die Maschine zahlreiche Sonderfahrten bei der MBB und anderen 750 mm-Schmalspurbahnen.

Baureihe	99.140
Bauart	D h2
Betriebsgattung	K 44.6
Länge ü. Puffer (3 T 5,5)	12.014 mm
Höchstgeschwindigkeit v/r	35/35 km/h
Zylinderdurchmesser	370 mm
Kolbenhub	400 mm
Treib- und Kuppelraddurchmesser	800 mm
Kesselüberdruck	13 kp/cm^2
Rostfläche	1,6 m^2
Verdampfungsheizfläche	42,89 m^2
Dienstmasse (2/3 Vorräte)	37,0 t
Brennstoffvorrat	3,0 t
Wasserkasteninhalt	5,5 m^3
effektive Leistung	250 PS$_e$
indizierte Zugkraft (0,8)	5,3 Mp

Foto: Archiv Dirk Endisch

Baureihe 99.450 (Umbaulok)

Die Prignitz, ein Landstrich im Nord-Westen von Brandenburg, wurde einst durch die 750 mm-Schmalspurbahnen der Ostprignitzer Kreiskleinbahnen (Kyritz–Hoppenrade/Breddin, Lindenberg–Pritzwalk) und Westprignitzer Kreiskleinbahnen (Lindenberg–Kreuzweg, Perleberg–Hoppenrade, Viesecke–Glöwen) erschlossen. Für den Personen- und Güterverkehr genügten Cn2-Tenderloks, von denen zwischen 1897 und 1900 vier Maschinen in Dienst gestellt wurden.
Die DR übernahm davon drei Maschinen und reihte sie als Baureihe 99.450 in ihren Bestand ein. Anfang der 1960er-Jahre wies 99 4503 gravierende Verschleißerscheinungen auf. Vor allem der Kessel hatte seine Nutzungsgrenze erreicht. Das Raw Görlitz baute daher einen Ersatzkessel, mit dem die Maschine 1965 ausgerüstet wurde. Anschließend diente die Lok in der Prignitz meist nur als Reserve. Nach lediglich rund 32.000 km wurde 99 4503 Ende 1969 abgestellt. 1973 erwarb ein Berliner Lokführer die Maschine, die heute zum Bestand des Kleinbahn-Museums in Gramzow gehört.

Baureihe	99 4503
Baureihen-Nr. ab 1970	99.450
Bauart	C n2t
Betriebsgattung	K 33.5
Länge ü. Puffer	6.200 mm
Höchstgeschwindigkeit v/r	30/30 km/h
Zylinderdurchmesser	250 mm
Kolbenhub	380 mm
Treib- und Kuppelraddurchmesser	750 mm
Kesselüberdruck	12 kp/cm^2
Rostfläche	0,55 m^2
Verdampfungsheizfläche	31,40 m^2
Dienstmasse (2/3 Vorräte)	20,0 t
Brennstoffvorrat	0,5 t
Wasserkasteninhalt	2 m^3
effektive Leistung	85 PS$_e$
indizierte Zugkraft	2,3 Mp

Foto: Archiv Dirk Endisch

Baureihe 99.451 (Umbaulok)

99 4511 war die jüngste Schmalspur-Dampflok der DR und konnte auf eine nahezu einmalige Historie zurückblicken. Die Kreisbahn Rathenow-Senzke-Nauen (RSN) beschaffte 1899 von der Firma Krauss & Co. drei C1´n2-Tenderloks. Die DR reihte die ehemalige Lok 3 als 99 4511 in ihren Bestand ein. Nach der Stilllegung der ehemaligen RSN wurde 99 4511 zur Insel Rügen umgesetzt. Hier musste die Maschine im Frühjahr 1965 wegen schwerer Kesselschäden abgestellt werden.

Da die DR noch Bedarf an der Maschine anmeldete, erhielt das Raw Görlitz den Auftrag, die Lok im Rahmen einer Großteilerneuerung zu modernisieren. Dabei entstand aus der alten C1´n2-Maschine eine völlig neue Cn2-Tenderlok. Außer den Lokschildern und einigen Kleinteilen wurde von der alten 99 4511 nichts verwendet. Kessel, Rahmen, Radsätze, Führerhaus, Stangen und Vorratsbehälter waren Neubauten. Am 3. März 1966 verließ die neue 99 4511 das Raw Görlitz.

Nach einem kurzen Gastspiel auf der Insel Rügen war 99 4511 ab Januar 1967 auf den Schmalspurbahnen in der Prignitz im Einsatz. 1977 erwarb der Holiday-Park in Hassloch die Maschine. Dort geriet sie fast in Vergessenheit. Die IG Preßnitztalbahn e.V. übernahm 1998 die Lok und arbeitete sie bis 2002 wieder betriebsfähig auf. Derzeit is 99 4511 abgestellt.

Betriebs-Nr.	**99.4511**
Baureihen-Nr. ab 1970	**99.451**
Bauart	**C n2t**
Betriebsgattung	**K 33.5**
Länge ü. Puffer	**6.045 mm**
Höchstgeschwindigkeit v/r	**25/25 km/h**
Zylinderdurchmesser	**250 mm**
Kolbenhub	**330 mm**
Treib- und Kuppelraddurchmesser	**780 mm**
Kesselüberdruck	**14 kp/cm^2**
Rostfläche	**0,71 m^2**
Verdampfungsheizfläche	**25,1 m^2**
Dienstmasse (2/3 Vorräte)	**18,1 t**
Brennstoffvorrat	**0,75 t**
Wasserkasteninhalt	**1,8 m^3**
effektive Leistung	**80 PS$_e$**
indizierte Zugkraft	**2,2 Mp**

Foto: Dirk Endisch

Baureihe 99.463 (Umbaulok; ab 1970: 99.463)

Die Rügenschen Kleinbahnen AG (RüKB) benötigte Anfang des 20. Jahrhundert für den ständig steigenden Verkehr auf der Strecke Putbus–Göhren neue leistungsfähige Loks. 1913 beschaffte die RüKB von der Firma Vulcan eine Dn2t-Maschine, die sich ausgezeichnet bewährte. 1914 folgte eine zweite Maschine. 1925 erwarb die RüKB eine dritte Lok, die jedoch mit einem Überhitzer ausgerüstet war. Zwei Jahre später ließ die RüKB auch die beiden anderen Loks auf Heißdampf umbauen. Die als 51Mh bis 53Mh bezeichneten Vierkuppler waren die stärksten Loks der RüKB. Die DR reihte die Maschinen als Baureihe 99.463 in ihren Bestand ein. Ende der 1950er-Jahre hatten die Rahmen ihre Nutzungsgrenze erreicht. Da die DR langfristig noch nicht auf die Loks verzichten konnte, wurden sie zwischen 1961 und 1963 im Rahmen einer Generalreparatur (GR) gründlich instandgesetzt. Neben neuen Rahmen erhielten die Loks u.a. neue Wasserkästen, Führerhäuser und Achswellen.

Ab 1984 gehörten nur noch 99 4632 und 99 4633 zum Bestand der DR. Diese wollte die Loks bis 1990 ausmustern, da die Kessel verschlissen waren. Doch die Wende in der DDR verhalf den Maschinen zu einer zweiten Verjüngungskur. 1992/93 rüstete das Raw Görlitz die beiden Loks mit neuen Kesseln und Zylindern aus. Heute gehören 99 4632 und 99 4633 zum Bestand der Rügenschen Bäderbahn.

Baureihe	99.463
Baureihen-Nr. ab 1970	99.463
Baureihen-Nr. ab 1992	099 770, 099 771
Bauart	D h2t
Betriebsgattung	K 44.6
Länge ü. Puffer	8.000 mm
Höchstgeschwindigkeit v/r	30/30 km/h
Zylinderdurchmesser	350 mm
Kolbenhub	400 mm
Treib- und Kuppelraddurchmesser	850 mm
Kesselüberdruck	12 kp/cm^2
Rostfläche	0,9 m^2
Verdampfungsheizfläche	33,77 m^2
Dienstmasse (2/3 Vorräte)	25,2 t
Brennstoffvorrat	0,8 t
Wasserkasteninhalt	2,2 m^3
effektive Leistung	185 PS$_e$
indizierte Zugkraft	4,1 Mp

Foto: Hans Weber, Archiv Dirk Endisch

Baureihe 99.464 (Umbaulok; ab 1970: BR 99.464)

Die Kleinbahnen des Kreises Jerichow I (KJ I) betrieben östlich von Magdeburg ein rund 100 km langes 750 mm-Schmalspurnetz. Zwischen 1922 und 1924 beschafften die KJ I von der Firma Orenstein & Koppel drei Dn2-Tenderloks mit Innenrahmen. 1928/29 übernahmen die KJ I von der Kleinbahn Landsberg-Rosenberg drei gebrauchte Dn2-Tenderloks, die im Wesentlichen mit den anderen Vierkupplern übereinstimmten, aber einen Außenrahmen besaßen. Diese sechs Maschinen, von denen die DR fünf als Baureihe 99.464 übernahm, bildeten über Jahrzehnte hinweg das Rückgrat im Personen- und Güterverkehr auf dem Burger Schmalspurnetz. Ende der 1950er-Jahre waren die Kessel weitgehend verschlissen. Da die Maschinen aber noch benötigt wurden, erhielten sie im Raw Görlitz eine Generalreparatur (GR). Zunächst wurden 1963/64 die beiden Außenrahmenloks 99 4641 und 99 4644 modernisiert. Neben einem Ersatzkessel erhielten die Maschinen neue Führerhäuser und Vorratsbehälter. In den Jahren 1964/65 folgten 99 4643 und 99 4645, die zusätzlich noch mit einem neuen Rahmen ausgerüstet wurden.

Nach der Stilllegung des Burger Schmalspurnetzes gelangten die Loks in die Prignitz. Die DR versetzte 99 4643 und 99 4644 auf die Insel Rügen, wo sie jedoch 1971 ausgedient hatten. 99 4644 ist heute Eigentum des »Prignitzer Kleinbahnmuseums Lindenberg e.V.«.

Betriebs-Nr.	99 4641, 4644	99 4643, 4645
Baureihen-Nr. ab 1970	99.464	99.464
Bauart	D n2t	D n2t
Betriebsgattung	K 44.6	K 44.6
Länge ü. Puffer	8.000 mm	8.300 mm
Höchstgeschwindigkeit v/r	30/30 km/h	30/30 km/h
Zylinderdurchmesser	340 mm	330 mm
Kolbenhub	350 mm	400 mm
Treib- und Kuppelraddurchmesser	800 mm	800 mm
Kesselüberdruck	12 kp/cm²	12 kp/cm²
Rostfläche	1,14 m²	1,14 m²
Verdampfungsheizfläche	48,33 m²	48,33 m²
Dienstmasse (2/3 Vorräte)	23,7 t	25,0 t
Brennstoffvorrat	1,1 t	1,1 t
Wasserkasteninhalt	4,0 m³	4,0 m³
indizierte Leistung	170 PS_i	200 PS_i
indizierte Zugkraft (0,8)	4,85 Mp	6,53 Mp

Foto: Archiv Dirk Endisch

Baureihe 99.470 (Umbaulok)

Die Ost- und Westprignitzer Kreiskleinbahnen beschafften zur Ergänzung ihres Fahrzeugbestandes 1914 von der Firma Henschel & Sohn jeweils eine Cn2t-Maschine, die als Lok 18 und Lok 19 in Dienst gestellt wurden. Aufgrund ihrer höheren Achsfahrmasse wurden die Maschinen meist auf den Strecken Glöwen–Lindenberg und Viesecke–Kreuzweg eingesetzt. Die DR übernahm nur noch die Lok 19, die die Betriebs-Nr. 99 4701 erhielt. Im Sommer 1960 musste die Lok aufgrund eines schweren Kesselschadens abgestellt werden. Da die DR aber nicht auf 99 4701 verzichten konnte, arbeitete das Raw Görlitz 99 4701 im Zuge einer Generalreparatur wieder auf. Dabei erhielt die Maschine u.a. ein neues Führerhaus und neue Vorratsbehälter. 99 4701 war damit die erste generalreparierte Schmalspurdampflok der DR. Ab 1966 war die Lok meist auf der Strecke Glöwen–Havelberg im Einsatz. Im Herbst 1971 hatte 99 4701 ausgedient. Heute steht die Lok auf einem Privatgrundstück in Rheinland-Pfalz.

Betriebs-Nr.	99 4701
Baureihen-Nr. ab 1970	99.470
Bauart	C n2t
Betriebsgattung	K 33.7
Länge ü. Puffer	6.410 mm
Höchstgeschwindigkeit v/r	35/35 km/h
Zylinderdurchmesser	265 mm
Kolbenhub	360 mm
Treib- und Kuppelraddurchmesser	800 mm
Kesselüberdruck	12 kp/cm^2
Rostfläche	0,71 m^2
Verdampfungsheizfläche	26,38 m^2
Dienstmasse (2/3 Vorräte)	18,2 t
Brennstoffvorrat	0,8 t
Wasserkasteninhalt	1,8 m^3
effektive Leistung	90 PS$_e$
indizierte Zugkraft	2,28 Mp

Foto: Jürgen Krantz, Archiv Dirk Endisch

Baureihe 99.480 (Umbaulok; ab 1970: 99.480)

Ende der 1930er-Jahre benötigten die Kleinbahnen des Kreises Jerichow I (KJ I) dringend neue Maschinen. Deren Konstruktion übernahm die Firma Henschel & Sohn. Ende 1938 lieferte das Unternehmen die erste 1´Dh2-Tenderlok an die KJ I. Eine zweite folgte 1939. Die DR reihe die beiden modernen Maschinen als 99 4801 und 99 4802 in ihren Bestand ein.
Anfang der 1960er-Jahre musste das Raw Görlitz die Rahmen der beiden Maschinen ersetzen. Das Raw Görlitz entwickelte einen geschweißten Blechrahmen, mit dem 99 4801 und 99 4802 in den Jahren 1963/64 ausgerüstet wurden. Außerdem erhielten die Maschinen einen Kipprost, eine Stahlfeuerbüchse, neue geschweißte Vorratsbehälter und ein vergrößertes, im oberen Drittel abgeschrägtes Führerhaus. Nach der Generalreparatur im Raw Görlitz waren 99 4801 und 99 4802 weiterhin auf dem Burger Schmalspurnetz im Einsatz. Nach dessen Stilllegung gelangten die Loks im Herbst 1965 auf die Insel Rügen, wo sie seither auf dem »Rasenden Roland« zwischen Putbus und Göhren im Einsatz sind. Ende der 1980er-Jahre erwog die DR die Ausmusterung der beiden Loks, da deren Kessel verschlissen waren. Die Wende in der DDR verhinderte dies. 1992/93 rüstete das Raw Görlitz beide Maschinen mit neuen Ersatzkesseln aus, so dass 99 4801 und 99 4802 noch immer auf Rügen im Einsatz sind.

Baureihe	99.480
Baureihen-Nr. ab 1970	99.480
Baureihen-Nr. ab 1992	099 780, 099 781
Bauart	1´D h2t
Betriebsgattung	K 45.8
Länge ü. Puffer	9.440 mm
Höchstgeschwindigkeit v/r	40/40 km/h
Zylinderdurchmesser	360 mm
Kolbenhub	410 mm
Treib- und Kuppelraddurchmesser	850 mm
Laufraddurchmesser v	500 mm
Kesselüberdruck	13 kp/cm^2
Rostfläche	0,9 m^2
Verdampfungsheizfläche	44,6 m^2
Dienstmasse (2/3 Vorräte)	29,7 t
Brennstoffvorrat	1,25 t
Wasserkasteninhalt	3,5 m^3
effektive Leistung	225 PS$_e$
indizierte Zugkraft	4,9 Mp

Foto: Dirk Endisch

Baureihe 100 (bis 1970: Kö, Köf; ab 1992: 310)

Der DR waren nach dem Zweiten Weltkrieg etwa 90 regelspurige Kleinloks der Leistungsgruppe I (Kö I) und rund 350 Maschinen der Leistungsgruppe II (Kö II bzw. Köf II) verblieben. Die Fahrzuge befanden sich jedoch in einem desolaten Zustand. Die unterschiedlichen Motoren- und Getriebebauarten ließen eine rationelle Unterhaltung der Maschinen kaum zu. Außerdem war die Ersatzteilbeschaffung schwierig, da sich die meisten Hersteller in den westlichen Besatzungszonen befanden. Die Typenvielfalt erhöhte sich noch, als die DR rund 50 weitere Kleinloks übernahm, die von der ehemaligen Wehrmacht, Anschlussbahnen oder den enteigneten Klein- und Privatbahnen stammten. Bis 1955 musterte die DR die nicht mehr aufarbeitungswürdigen Schadloks und Einzelgänger aus. Der Bestand umfasste nun 82 Maschinen der Leistungsgruppe I und 345 Loks der Leistungsgruppe II. Mitte der 1950er-Jahre begann das für die Unterhaltung der Kleinloks zuständige Raw Dessau damit, die verschlissenen Original-Motoren und mechanischen Getriebe durch solche aus DDR-Produktion zu ersetzen. Maschinen, deren hydraulisches Getriebe nicht mehr repariert werden konnte, wurden mit einem mechanischen Getriebe ausgerüstet. Zwischen 1957 und 1968 baute das Raw Dessau außerdem 42 Kleinloks neu auf. Dabei handelte es sich meist um Neubauten, die die Betriebs-Nr. und das Betriebsbuch einer ausgemusterten Kleinlok erhielten. Zu Beginn der 1960er-Jahre ging das Raw Dessau dazu über, die Kleinloks schrittweise zu vereinheitlichen. Dazu gehörte u.a. ein geschlossenes Führerhaus und eine Heizung. 1970 führte die DR noch 39 Maschinen der Leistungsgruppe I und 369 Exemplare der Leistungsgruppe II in ihren Unterlagen.

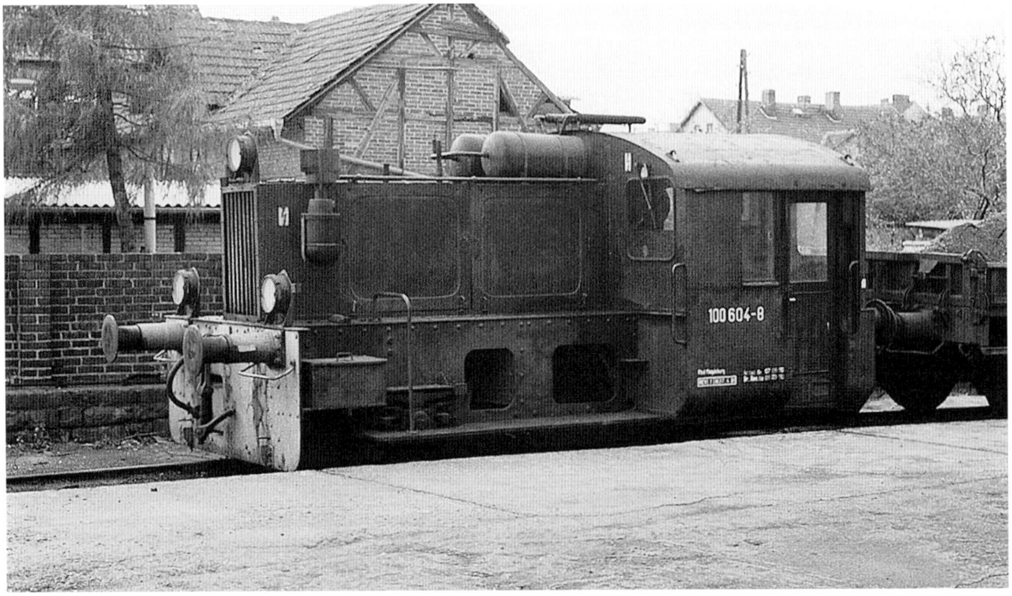

Foto: Friedhelm Köhler

Erst Anfang der 1970er-Jahre verloren die Kleinloks schrittweise an Bedeutung. Die nicht mehr benötigten Maschinen nutzte die DR entweder als Rangierloks in ihren Ausbesserungswerken oder verkaufte sie als Werkloks an volkseigene Betriebe. Zwischen 1983 und 1991 wurden fünf Kleinloks auf Meterspur umgebaut. 1992 waren nur noch 322 Exemplare der Leistungsgruppe II vorhanden. Die Deutsche Bahn AG übernahm 1994 noch 200 Maschinen. Zwei Jahre später waren nur noch 47 Maschinen vorhanden. Die letzten vier Exemplare wurden am 30. Dezember 1998 ausgemustert.

Baureihe	Kö I	Kö II	Köf II
Baureihen-Nr. ab 1970	100.0	100.1–7	100.8
Baureihen-Nr. ab 1992	-	310.1–7	310.8
Achsfolge	B	B	B
Höchstgeschwindigkeit	18[1] km/h	30 km/h	30 km/h
Länge über Puffer	5.575 mm	6.450 mm	6.450 mm
Gesamtachsstand	2.500 mm	2.500 mm	2.500 mm
Raddurchmesser	850 mm	850 mm	850 mm
Anfahrzugkraft	2,65 Mp	3,92 Mp	2,75 Mp
Dauerzugkraft	0,6 Mp	0,69 Mp	0,98 Mp
Dieselmotor	4 KVD 14,5 SRW	6 KVD 14,5 SRW[2]	6 KVD 14,5 SRW[2]
Motorleistung	39 PS	110 PS	110 PS
Motordrehzahl (Volllast)	1.250 U/min	1.250 U/min	1.250 U/min
Leistungsübertragung	mech.	mech.	hydr.
Dienstmasse (2/3 Vorräte)	8 bis 10 t	16 t	17 t
mittlere Achsfahrmasse	4 bis 5 t	7,5 t	8 t
Dieselkraftstoff	56 l	110 l	110[3] l

Anmerkungen:
1 teilweise auch 23 km/h; 2 teilweise mit 4 KVD 18 SRW, ab 1973: 6 VD 14,5/12 SRW; 3 teilweise 150 l, 180 l oder 200 l

Foto: Dirk Endisch

Baureihe 101 und 101.5-7

(bis 1970: V 15.10, V 15.20; ab 1992: BR 311)

Bereits Mitte der 1950er-Jahre benötigte die DR eine Diesellok mit einer Leistung zwischen 150 und 180 PS für den leichten Rangier- und Streckendienst, die die Dampfloks der Baureihen 89.60–66, 89.70–75, 98.60–62 und 98.77 ersetzen sollte. Die Entwicklung der gewünschten Maschine übernahm der LKM Babelsberg, der dabei auf die Rangierlok des Typs V 10 B zurückgriff. Das Grundkonzept der V 10 B – Stangenantrieb und hochgesetzter Endführerstand – wurde übernommen. Die DR verlangte für die als Baureihe V 15.10 bezeichnete Type eine Leistung von 150 PS, eine hydraulische Kraftübertragung, eine Höchstgeschwindigkeit von 30 bis 35 km/h sowie Einmannbedienung. Bereits am 5. August 1958 übergab der LKM Babelsberg den als V 15 101 bezeichneten Prototypen an die DR. Die anschließenden Testfahrten verliefen katastrophal. Weder der Motor noch das Getriebe waren betriebstauglich. Auch die Leistung entsprach nicht den Erwartungen der DR. Die Konstruktion musste gründlich überarbeitet werden, bevor die fünf Nullserienmaschinen V 15 1001 bis V 15 1005 Ende 1959 ausgeliefert werden konnten. Abermals stellte die DR erhebliche Mängel fest, deren Beseitigung einige Zeit in Anspruch nahm. Erst die 1960 gelieferte Kleinserie (V 15 1006 bis V 15 1020) wies keine gravierenden technischen Mängel mehr auf. Auf Wunsch der DR wurde jedoch die Motorleistung auf 180 PS angehoben und die Raddurchmesser auf 1.000 mm vergrößert. 1961 begann schließlich die Serienfertigung der Baureihe V 15, die der LKM Babelsberg intern als »V 18 B« bezeichnete. Bis 1964 beschaffte die DR insgesamt 248 Exemplare der V 15.10/V 15.20. Die Fertigung endete 1967 nach 473 Maschinen, von denen 50 nach Ägypten, Bulgarien, Rumänien und Ungarn exportiert wurden. Die anderen Maschinen gelangten zu Werk- und Anschlussbahnen in der DDR.

Bereits Ende der 1960er-Jahre erwog die DR den Einbau leistungsstärkerer Motoren und neuer Strömungsgetriebe in die V 15.10/V 15.20

Foto: Archiv Dirk Endisch

(ab 1970: BR 101). Als Baumuster diente 1972 die 101 210-3. 1975 begann der Serienumbau, der nach 225 Maschinen 1981 endete. Die umgebauten Maschinen wurden zur Baureihe 101.5–7 umgezeichnet.

Über Jahre hinweg waren die kleinen Rangierloks unverzichtbar. Im Sommer 1990 waren noch 253 Maschinen der Baureihen 101.0, 101.1–3 und 101.5–7 vorhanden, die 1992 alle zur Baureihe 311 umgezeichnet wurden. Wenig später begann die Ausmusterung der Maschinen. 1997 waren nur noch 25 Exemplare der Baureihe 311.5–7 vorhanden. Die letzten beiden quittierten im April 1999 den Dienst.

Baureihe	V 15.10	V 15.20	-
Baureihen-Nr. ab 1970	101.0	101.1–3	101.5–7
Baureihen-Nr. ab 1992	311.0	311.1–3	311.5–7
Achsfolge	B	B	B
Höchstgeschwindigkeit	37[1] km/h	37 km/h	42 km/h
Länge über Puffer	6.940 mm	6.940 mm	6.940 mm
Gesamtachsstand	2.500 mm	2.500 mm	2.500 mm
Raddurchmesser	1.000[2] mm	1.000 mm	1.000 mm
Anfahrzugkraft	6,5 Mp	6,6 Mp	7,8 Mp
Dauerzugkraft	4,02 Mp	4,2 Mp	4,6 Mp
Dieselmotor	6 KVD 18 SRW	6 KVD 18 SRW	6 VD 18/15-1 SRW
Motorleistung	180[3] PS	180 PS	220 PS
Motordrehzahl (Volllast)	1.500 U/min	1.500 U/min	1.510 U/min
Masse (trocken)	1,36 t	1,36 t	1,85 t
Leistungsübertragung	hydr.	hydr.	hydr.
Leermasse	19,5 t	?	?
Dienstmasse (2/3 Vorräte)	20,0 t	21,5 t	21,5 t
mittlere Achsfahrmasse	10,0 t	10,7 t	10,7 t
Dieselkraftstoff	350 l	350 l	400 l
Anmerkungen: 1 bis V 15 2025: 32 km/h; 2 bis V 15 2025: 900 mm; 3 bis V 15 1020: 150 PS			

Foto: Dirk Endisch

Baureihe 102.0 (bis 1970: V 23; ab 1992: BR 312.0)

Auf der Grundlage des Typs V 18 B (DR-Baureihe V 15.10/V 15.20) entwickelte der LKM Babelsberg eine neue, leistungsstärkere Rangierdiesellok, die die Werksbezeichnung V 22 B erhielt. Diese unterschied sich von dem Vorgängermodell im Wesentlichen durch den 220 PS starken Motor und das neue dreistufige Strömungsgetriebe. Die Aggregate wurden in V 15 2210 erprobt. Nachdem die Versuchsfahrten der VES-M Halle (Saale) keine gravierenden Mängel offenbart hatten, begann Ende 1967 die Serienfertigung der V 22 B. Im Verlauf des Jahres 1968 übernahm die DR insgesamt 80 Exemplare der V 22 B, die die Betriebs-Nr. V 23 001 bis V 23 080 erhielten. Später beschaffte die DR noch weitere V 23 als Werkloks für ihre Reichsbahnausbesserungswerke, die die Maschinen als »Gerät« in den Inventarlisten führten.

Die meisten V 22 B lieferte der LKM Babelsberg jedoch an Industriebetriebe in der DDR oder exportierte diese. Bis 1976 wurden mehr als 600 Exemplare gebaut.

Erst Anfang der 1990er-Jahre hatte die V 23 ausgedient. 1998 waren nur noch 21 Exemplare vorhanden. Die letzten vier wurden im Jahr 2001 ausgemustert.

Baureihe	V 23
Baureihen-Nr. ab 1970	102.0
Baureihen-Nr. ab 1992	312.0
Achsfolge	B
Höchstgeschwindigkeit	35 km/h
Länge über Puffer	6.940 mm
Gesamtachsstand	2.500 mm
Raddurchmesser	1.000 mm
Anfahrzugkraft	7,8 Mp
Dauerzugkraft	4,6 Mp
Dieselmotor	6 VD 18/15-1 SRW
Motorleistung	220 PS
Motordrehzahl (Volllast)	1.510 U/min
Masse (trocken)	1,85 t
Leistungsübertragung	hydr.
Leermasse	22,9 t
Dienstmasse (2/3 Vorräte)	23,3 t
mittlere Achsfahrmasse	10,7 t
Dieselkraftstoff	400 l

Foto: Friedhelm Köhler

Baureihe 102.1 (ab 1992: BR 312.1)

Nach dem Abschluss der Beschaffung der V 23 benötigte die DR noch immer Dieselloks für den leichten Rangier- und Streckendienst. Aufbauend auf den Erfahrungen mit den Baureihen V 15.10/V 15.20 und V 23 strebte die DR eine Neuentwicklung an. In Zusammenarbeit mit dem LKM Babelsberg entstand eine neue 220 PS starke Diesellok, die reichsbahnintern als V 23.1 bezeichnet wurde. Während der Motor und das Getriebe der V 23 fast unverändert übernommen wurden, waren der Fahrzeugteil und die Aufbauten völlige Neukonstruktionen. Im Hinblick auf bessere Laufeigenschaften wurde der Achsstand auf 3.560 mm verlängert. Außerdem wurden die Achsgabelstege, das Blindwellenlager und die Radsätze verstärkt. 1970 begann schließlich die Serienfertigung der V 23.1, deren erste Exemplare die DR als Baureihe 102.1 in Dienst stellte. Bis Januar 1971 beschaffte die DR insgesamt 157 Maschinen. Ihre orangefarbene Lackierung und die kantige Form brachten der Baureihe 102.1 die Spitznamen »Gartenlaube« bzw. »Postkasten« ein. Bis Anfang der 1990er-Jahre bewährten sich die Maschinen im leichten Rangier, Strecken- und Bauzugdienst. 1994 setzte die Ausmusterung ein. Ende 2001 hatten bei der DB AG die letzten Exemplare ausgedient.

Baureihe	V 23.1
Baureihen-Nr. ab 1970	102.1
Baureihen-Nr. ab 1992	312.1
Achsfolge	B
Höchstgeschwindigkeit	40 km/h
Länge über Puffer	8.000 mm
Gesamtachsstand	3.560 mm
Raddurchmesser	1.000 mm
Anfahrzugkraft	7,0 Mp
Dauerzugkraft	5,3 Mp
Dieselmotor	6 VD 18/15-1 SRW
Motorleistung	220 PS
Motordrehzahl (Volllast)	1.510 U/min
Masse (trocken)	1,85 t
Leistungsübertragung	hydr.
Leermasse	24,2 t
Dienstmasse (2/3 Vorräte)	24,6 t
mittlere Achsfahrmasse	12,3 t
Dieselkraftstoff	500 l

Fcto: Peter Gericke, Archiv Dirk Endisch

Baureihe 103 (bis 1970: V 36)

Die DR in der SBZ übernahm in der zweiten Hälfte der 1940er-Jahre etwa 40 ehemalige Wehrmachtsdieselloks. Nur wenige dieser Maschinen waren betriebsfähig. Die Loks behielten zunächst ihre alte Betriebs-Nr. Erst 1957 führte die DR ein einheitliches Bezeichnungsschema ein. Dabei wurden die Maschinen entsprechend ihrer Motorleistung als V 15 (3 Loks), V 16 (6 Loks), V 20 (4 Loks), V 22 (3 Loks), V 27 (1 Lok) und V 36 (31 Loks) bezeichnet. Innerhalb der V 36 wurden die Loks nach ihren Motorbauarten eingeteilt. Die DR vergab die Betriebs-Nr. V 36 015 bis V 36 036 (Deutz), V 36 050 bis V 36 053 (DWK), V 36 060 bis V 36 067 (MWM) und V 36 080 (VEB Motorenwerk Johannisthal). Anfang der 1960er-Jahre waren die Motoren und Strömungsgetriebe vieler V 36 verschlissen. Die DR rüstete daher 1963 die V 36 026 versuchsweise mit dem Dieselmotor 6 NVD 36 des SKL Magdeburg aus. Da der Motor nur eine Leistung von 305 PS hatte, musste die Geschwindigkeit der Lok auf 55 km/h verringert werden. Bis 1973 wurden weitere elf Maschinen umgerüstet. Zu diesem Zeitpunkt war die V 36 nur noch in Neuruppin und Wismar stationiert. Die letzten Exemplare hatten im Frühjahr 1982 ausgedient. V 36 027 blieb als Museumslok in Schwerin erhalten.

Baureihe	V 36
Baureihen-Nr. ab 1970	103
Achsfolge	C
Höchstgeschwindigkeit	55 km/h
Länge über Puffer	9.200 mm
Gesamtachsstand	3.950 mm
Raddurchmesser	1.100 mm
Anfahrzugkraft	130 kN
Dauerzugkraft	46 kN
Dieselmotor	6 NVD 36
Motorleistung	265 kW
Motordrehzahl (Volllast)	600 U/min
Leistungsübertragung	hydr.
Dienstmasse (2/3 Vorräte)	42 t
mittlere Achsfahrmasse	14 t
Dieselkraftstoff	400 l

Foto: Michael Klaus

Baureihe 106.0-1

(bis 1970: V 60.10; ab 1992: BR 346.0-1)

Die DR leitete mit der Baureihe V 60.10 den Traktionswechsel im mittleren und schweren Rangierdienst ein. Bereits 1953 hatte die DR die LOWA mit der Entwicklung einer Rangierdiesellok beauftragt. Aufgrund der guten Erfahrungen mit der V 36 entschied sich die DR für eine Stangendiesellok mit hydraulischer Kraftübertragung. Allerdings fehlten für die Umsetzung des Vorhabens die notwendigen Motoren und Strömungsgetriebe, die erst entwickelt werden mussten. Die Aggregate wurden ab 1957 in V 36 080 erprobt. Während das hydraulische Getriebe keine gravierenden Mängel aufwies, war der Motor des Typs 8 KVD 21 A eine Fehlkonstruktion. Erst der als Saugmotor ausgelegte 12 KVD 21 SVW erwies sich als betriebstauglich. Parallel dazu nahm unter der Federführung des LKM Babelsberg die Baureihe V 60.10 langsam Gestalt an, so dass 1958 der Bau der beiden Prototypen beginnen konnte. V 60 1001 absolvierte am 5. Februar 1959 ihre erste Probefahrt zwischen Drewitz und Seddin. Bei den folgenden Versuchsfahrten entdeckte die FVA Halle (Saale) jedoch noch zahlreiche Mängel, die eine Überarbeitung der Konstruktion notwendig machten. Gleichwohl erfüllte die Baureihe V 60.10 die Vorgaben der DR hinsichtlich Leistung und Zugkraft. 1961 begann in Babelsberg schließlich die Produktion der Nullserie (V 60 1003 bis V 60 1007). Bei der fol-

Foto: Friedhelm Köhler

genden Kleinserie (V 60 1008, V 60 1009) verbesserte der LKM Babelsberg den Produktionsablauf, so dass im Sommer 1961 schließlich die Serienfertigung beginnen konnte. Die DR stellte die erste Serienlok (V 60 1010) am 11. Januar 1962 in Dienst. Mit der Abnahme der V 60 1170 am 25. Mai 1964 endete der Bau der Baureihe V 60.10. Die DR beschaffte stattdessen nur noch die aus der V 60.10 abgeleitete Baureihe V 60.12.

14 Maschinen der Baureihe V 60.12 gelangten als Werkloks zu Industriebetrieben in der DDR. Die Dieselloks bewährten sich hervorragend im Rangierdienst. Aber auch im leichten Güterverkehr oder vor Bau- und Arbeitszügen machte sich die Baureihe V 60.10 nützlich. Bereits in den 1980er-Jahren begann die DR damit, die ersten Exemplare auszumustern. 1992 waren nur noch 136 Exemplare vorhanden. Bis 1995 schrumpfte der Bestand auf 41 Loks zusammen. Als letzte ihrer Baureihe wurde die ehemalige V 60 1100 Anfang 1997 abgestellt. Von den noch vorhandenen zwölf V 60.10 ist derzeit nur ein Exemplar betriebsfähig.

Baureihe	**V 60.10**
Baureihen-Nr. ab 1970	**106.0–1**
Baureihen-Nr. ab 1992	**346.0–1**
Achsfolge	**D**
Höchstgeschwindigkeit	**60[1] km/h**
Länge über Puffer	**10.800 mm**
Gesamtachsstand	**5.600 mm**
Raddurchmesser	**1.100 mm**
Anfahrzugkraft	**12,6[2] Mp**
Dauerzugkraft	**9,2[3] Mp**
Dieselmotor	**12 KVD 21 SVW**
Motorleistung	**650 PS**
Motordrehzahl (Volllast)	**1.500 U/min**
Masse (trocken)	**4,3 t**
Leistungsübertragung	**hydr.**
Leermasse	**50,5 t**
Dienstmasse (2/3 Vorräte)	**53,0 t**
mittlere Achsfahrmasse	**13,2 t**
Dieselkraftstoff	**2.100 l**

Anmerkungen:
1 im Rangiergang: 30 km/h
2 im Rangiergang: 17,5 Mp
3 im Rangiergang: 16,4 Mp

Foto: Friedhelm Köhler

Baureihen 104 und 105/106.2–9

(bis 1970: V 60.12; ab 1992: BR 344, 345, 346 und 347)

Die Baureihe 105/106.2–9 war die meist gebaute Diesellok in der DDR. Bereits während der Fertigung der Baureihe V 60.10 begann der LKM Babelsberg in Zusammenarbeit mit der DR damit, die Konstruktion der Stangendiesellok gründlich zu überarbeiten. Die meisten Änderungswünsche resultierten aus den Erfahrungen während der Produktion sowie dem Einsatz und der Unterhaltung bei der DR. Die neue, von der DR als Baureihe V 60.12 bezeichnete Type unterschied sich optisch und technisch erheblich von der Baureihe V 60.10.

Das neu gestaltete Führerhaus nahm die volle Breite des Rahmens ein. Das Dach wurde nach vorn und hinten als Regen- und Sonnenschutz verlängert. Auch die Seitenfenster besaßen nun einen Regenschutz. Der vordere Vorbau besaß jetzt drei, der hintere Vorbau zwei seitliche Doppeltüren. Die wichtigsten technischen Änderungen waren der Übertourungsschutz und die mechanische Umstellung des Stufengetriebes. Das Strömungsgetriebe wurde erst später modifiziert und ab 1970 in der Bauform GS 12/5,2 verwendet. Das Getriebe besaß einen deutlich besseren Wirkungsgrad. Im Hinblick auf eine höhere Zugkraft wurde durch den Einbau von Ballastgewichten in den Hohlräumen des Rahmens die Achsfahrmasse auf 15 t angehoben.

Während der laufenden Produktion wurde die V 60D, wie die Baureihe V 60.12 werksintern bezeichnet wurde, weiter verbessert. Ab dem Sommer 1969 (V 60 1590) wurde der zum Vorwärmen des Motors benötigte Fremddampf nicht mehr in das Kühlwasser, sondern in ein Heizrohr am Wärmetauscher geleitet. Ab 1970 (106 613) bestanden die Kühler aus 18 Elementen.

Nach der Fertigstellung der Zeichnungen lieferte der LKM Babelsberg 1963 das Baumuster, das als V 60 1201 auf der Leipziger Frühjahrsmesse 1964 ausgestellt wurde. Die Serienfertigung der Baureihe V 60.12 übernahm der LEW

Hennigsdorf, der bereits im Oktober 1964 die ersten Maschinen auslieferte. Die DR stellte bis Ende 1969 bereits 410 Exemplare der Baureihe V 60.12 in Dienst. Nach der Abnahme der 106 999 im Herbst 1975 reihte die DR die weiteren V 60.12 als Baureihe 105 in ihren Bestand ein. Erst im Dezember 1982 nahm die DR mit 105 165 ihre letzte V 60.12 ab. Die Produktion der Type lief jedoch weiter. 1984 verließ die letzte der insgesamt 2.093 Maschinen die Werkhallen in Hennigsdorf. Neben der DR erwarben auch zahlreiche Betriebe in der DDR die V 60.12, die ein Exportschlager wurde. Nicht nur im sozialistischen Ausland, sondern auch in Ägypten, Algerien, Griechenland, Italien, Österreich und in der Türkei fand die Maschine Interessenten.
Bei der DR war die Baureihe 105/106.2–9 in nahezu jedem Bahnbetriebswerk stationiert. Die als »Goldbroiler« bezeichneten Loks erledigten den Verschub und wurden im leichten Güterzugdienst eingesetzt. Für den Rangierdienst im Fährhafen Mukran wurden 1986 insgesamt 14 Maschinen auf 1.520 mm Spurweite (russische Breitspur) umgebaut. Dazu mussten die Radsätze, Blindwellen und Bremsgestänge entsprechend geändert werden.
Durch den Einbau des auf 365 kW gedrosselten Motors des Typs 12 KVD 21-3 und eines geänderten Strömungsgetriebes konnte die DR den Kraftstoffverbrauch der V 60.12 erheblich verringern. Die zwischen 1989 und 1992 so umgebauten 80 Maschinen wurden unter Beibehaltung ihrer Ordnungs-Nr. zur Baureihe 104 umgezeichnet. Mit der Einführung der einheitlichen Betriebs-Nr. zwischen DB und DR wurde aus der Baureihe 105/106.2–9 die 345/346 und aus der Baureihe 104 die 344. Die Breitspurloks erhielten die neue Baureihen-Nr. 347. In der zweiten Hälfte der 1990er-Jahre begann die Ausmusterung der ehemaligen V 60.12. Anfang 2004 musterte die DB AG die letzten Exemplare aus. Nur noch bei einigen Privat- und Werkbahnen sind »Goldbroiler« im Einsatz.

Foto: Archiv Dirk Endisch

Foto: Friedhelm Köhler

Baureihe	-	V 60.12	-
Baureihen-Nr. ab 1970	104	105/106.2–9	-
Baureihen-Nr. ab 1992	344	345/346	347
Achsfolge	D	D	D
Höchstgeschwindigkeit	44[1] km/h	60[2] km/h	60[2] km/h
Länge über Puffer	10.800 mm	10.800 mm	10.800 mm
Gesamtachsstand	5.600 mm	5.600 mm	5.600 mm
Raddurchmesser	1.100 mm	1.100 mm	1.100 mm
Anfahrzugkraft	?	149[3] kN	149[3] kN
Dauerzugkraft	?	824 kN	824 kN
Dieselmotor	12 KVD 21-3	12 KVD 21 SVW	12 KVD 21 SVW
Motorleistung	365	478	478
Motordrehzahl (Volllast)	1.100 U/min	1.500 U/min	1.500 U/min
Masse (trocken)	?	4,2 t	4,2 t
Leistungsübertragung	hydr.	hydr.	hydr.
Leermasse	?	56,1 t	56,1 t
Dienstmasse (2/3 Vorräte)	55,2 t	58,0 t	58,0 t
mittlere Achsfahrmasse	13,8 t	14,5 t	14,5 t
Dieselkraftstoff	2.100 l	2.100 l	2.100 l

Anmerkungen:
1 im Rangiergang: 22 km/h; 2 im Rangiergang: 30 km/h
3 im Rangiergang: 191 kN; 4 im Rangiergang: 169 kN

Foto: Dirk Endisch

Baureihe 107 (bis 1975: V 75)

Die DR benötigte Ende der 1950er-Jahre dringend eine Diesellok für den Rangierdienst im Eisenbahnknoten Leipzig, da die hier eingesetzten Dampfloks nicht mehr den betrieblichen Belangen entsprachen. Da die Schienenfahrzeug-Industrie der DDR kurzfristig keine geeigneten Maschinen liefern konnte, entschloss sich die DR, den Bedarf durch Importfahrzeuge zu decken. Die geeignete Type fand die DR bei den Tschechoslowakischen Staatsbahnen (ČSD). Diese setzten seit 1958 die von ČKD gebauten Dieselloks der Reihe T 435.0 ein. Die 750 PS starken Maschinen besaßen eine elektrische Kraftübertragung und bewährten sich hervorragend im Rangier- und Güterzugdienst. Die DR beschaffte 1962/63 insgesamt 20 Exemplare der T 435.0, die als Baureihe V 75 in Dienst gestellt wurden. Weitere 18 Maschinen erwarben verschiedene Großbetriebe in der DDR für ihre Werkbahnen. Bereits 1972 begann die DR damit, sich von der ehemaligen V 75 zu trennen. 1987 wurde die letzte aus dem Bestand gestrichen. Ende der 1980er-Jahre setzte nur noch das Zementwerk Karsdorf die T 435.0 ein, von der in Deutschland noch zwei Maschinen vorhanden sind.

Baureihe	V 75
Baureihen-Nr. ab 1970	107
Achsfolge	Bo´Bo´
Höchstgeschwindigkeit	60 km/h
Länge über Puffer	12.560 mm
Gesamtachsstand	8.700 mm
Raddurchmesser	1.000 mm
Anfahrzugkraft	20,6 Mp
Dauerzugkraft	10,4 Mp
Dieselmotor	6 S 310 DR
Motorleistung	750 PS
Motordrehzahl (Volllast)	750 U/min
Masse (trocken)	10,5 t
Leistungsübertragung	elektr.
Leermasse	61,7 t
Dienstmasse (2/3 Vorräte)	63,3 t
mittlere Achsfahrmasse	15,8 t
Dieselkraftstoff	1.500 l

Foto: Friedhelm Köhler

Baureihen 108, 110, 110.9, 111, 112, 114 und 199.8

(bis 1970 V 100; ab 1992: BR 201, 202, 204, 293, 298, 710.9)

Die Baureihe 110 und deren Varianten waren in nahezu jedem Bahnbetriebswerk der DR stationiert. Aufgrund ihres großen Leistungsspektrums und ihrer geringen Achsfahrmasse war die Baureihe 110 eine echte Universalmaschine. Bereits Mitte der 1950er-Jahre arbeitete die DR gemeinsam mit dem Institut für Schienenfahrzeuge (IfS) und dem LKM Babelsberg an einem Diesellokprogramm, dessen erster Typenplan zwischen 1955 und 1957 konkrete Formen annahm. Die DR plante die Beschaffung von Rangierloks der Baureihen V 15 und V 60 sowie von Streckenmaschinen der Baureihen V 180 und V 240. Der Leistungsbereich zwischen 600 und 1.800 PS blieb hingegen offen, obwohl die DR gerade hier neue Fahrzeuge dringend benötigte. Die in diesem Leistungsbereich eingesetzten Dampfloks der Baureihen 38.2–3, 38.10–40, 55.16–22, 55.25–56, 57.10–35, 78.0–5, 93.0–4 und 93.5–12 waren teilweise über 40 Jahre alt und mussten in absehbarer Zeit ersetzt werden.

Die DR und die Staatliche Plankommission (SPK) verständigten sich auf den Import einer 1.000 PS starken Diesellok aus der Sowjetunion. Die Wahl fiel auf die dieselhydraulische TGM 3. Die für die DR vorgesehene Variante sollte einen 1.000 PS-Motor und eine Zugheizung erhalten. Allerdings führten die Verhandlungen zwischen der DR und der sowjetischen Seite zu keinen konkreten Ergebnissen, so dass die SPK bereits 1959 Zweifel an der Lieferfähigkeit der Sowjetunion hatte. Auch 1961 lag der DR noch immer kein Angebot vor. Vor diesem Hintergrund beauftragte die DR Anfang 1963 das IfS und den LKM Babelsberg mit der Entwicklung einer 1.000 bis 1.200 PS starken Diesellok. Die vierachsige Maschine sollte eine hydraulische Kraftübertragung besitzen und im Rangierdienst, auf Nebenbahnen sowie im leichten bis mittleren Hauptbahndienst eingesetzt werden. Als Höchstgeschwindigkeit waren 100 km/h und als Aktionsradius 1.000 km gefordert. Die DR bestand außerdem auf einem mittleren Führerstand, einer Achsfahrmasse von maximal 16 t sowie der Verwendung von Komponenten der Baureihe V 180.

Bereits nach wenigen Monaten waren die Arbeiten an der als V 100 bezeichneten Type beendet. Der LKM Babelsberg präsentierte den Prototypen V 100 001 auf der Leipziger Frühjahrsmesse 1964. Wenig später unterzog die VES-M Halle (Saale) das Baumuster einer gründlichen Prüfung. Die V 100 erwies sich dabei als eine weitgehend ausgereifte Konstruktion. Lediglich die Blatt-Schraubenfederung zwischen Lok- und Drehgestellrahmen sowie der auf 900 PS eingestellte Motor des Typs 12 KVD A-I mussten geändert werden. Das zweite, 1965 gefertigte Baumuster (V 100 002) besaß bereits Schraubenfedern mit Stoßdämpfern und den 1.000 PS starken 12 KVD A-II. Da die Serienproduktion der V 100 der LEW Hennigsdorf übernahm, forderte die DR ein drittes Baumuster, das 1966 übergeben wurde. Bereits im Herbst 1966 begann die Fertigung, so dass die DR am 7. Februar 1967 mit der V 100 004 die erste Serienmaschine in Dienst stellen konnte. Bis Ende 1971 übergab der LEW 171 Maschinen an die DR. Die beiden Baumuster V 100 001 und V 100 002 wurden bei einem Großbrand im Raw Cottbus am 19. Dezember 1969 schwer beschädigt und daher ausgemustert.

Dank der V 100 konnte die DR den Traktionswechsel erheblich vorantreiben. Die Dieselloks ersetzten in erster Linie die alten preußischen und sächsischen Dampfloks. Die Personale schätzten die V 100, die als robust, leistungsstark und unkompliziert galt.

In Zusammenarbeit mit dem LEW überarbeitete die DR die Konstruktion im Lauf der Jahre. Dies betraf zunächst das Getriebe. Die ersten

Foto: Slg. Klaus-Jürgen Kühne

Foto: Slg. Friedhelm Köhler

Maschinen besaßen ein Stufengetriebe mit Strecken- und Rangiergang. Beim Umstellen vom Strecken- in den Rangiergang verringerte sich die Höchstgeschwindigkeit von 100 auf 65 km/h, gleichzeitig stieg jedoch die Zugkraft. In der Praxis wurde der Rangiergang jedoch verhältnismäßig selten genutzt, so dass die DR auf das Stufengetriebe verzichtete. Die so modifizierte V 100.2 wurde ab 1969 beschafft. Erst am 16. März 1978 stellte die DR mit der 110 896 ihre vorerst letzte V 100, die seit 1970 als Baureihe 110 bezeichnet wurde, in Dienst.
In der Zwischenzeit hatte die DR die technische Weiterentwicklung der Baureihe 110 forciert. Bereits 1972 gab es erste Überlegungen, die Einsatzmöglichkeiten der Maschinen durch einen stärkeren Motor zu vergrößern. Als Erprobungsmuster diente 110 457, die am 26. Oktober 1972 mit einem auf 900 kW (rund 1.200 PS) eingestellten Motor des Typs 12 KVD A-3 und einem neuen Strömungsgetriebe ausgerüstet wurde. Die Maschine wurde anschließend vor Eil- und Schnellzügen getestet. 110 511 und 110 512 erhielten ebenfalls 900 kW-Motoren und wurden vom Bw Rostock aus im S-Bahn-Betrieb auf der Strecke Rostock–Warnemünde erprobt. Basierend auf diesen Versuchen entwickelte die DR in Zusammenarbeit mit dem VEB Motorenwerk Johannisthal den neuen 900 kW starken 12 KVD AL-4. Dabei wurden u.a. die Abgasanlage, die Kraftstoffanlage, der Kühlkreislauf, das Kurbelgehäuse, der Schmierölkreis-

lauf und der Zylinderkopf geändert. Als erste Maschine erhielt 110 137 im Jahr 1977 einen 12 KVD AL-4. Dieser hatte nicht nur eine höhere Leistung, sondern auch einen besseren Wirkungsgrad. 1979 verfügte die DR den Einbau des 12 KVD AL-4 in die Baureihe 110. Zur besseren Unterscheidung von den Loks mit 736 kW-Motor wurden die Loks ab 1. Januar 1981 als Baureihe 112 bezeichnet. Das Raw Stendal baute bis 1990 insgesamt 492 Loks um.

Damit war das Leistungsvermögen der Baureihe 110 und des 12 KVD noch lange nicht ausgereizt. Im Rahmen der »Extremerprobung« wurde ein 12 KVD AL-4 auf eine Nennleistung von 1.050 kW eingestellt und ab 1978 in der 110 203 erprobt. 1981 erhielt die Lok einen 1.100 kW starken Motor, auf dessen Grundlage der 12 KVD AL-5 entstand. Das Raw Stendal rüstete von 1983 bis 1991 insgesamt 65 Maschinen mit einem 1.100 kW-Motor (davon 16 mit 12 KVD AL-5) und neuen Strömungsgetrieben aus, die zunächst als Baureihe 115 und ab 1984 als Baureihe 114 bezeichnet wurden.

Ende der 1970er-Jahre benötigte die DR eine Diesellok für den schweren Rangierdienst. Als Erprobungsmuster diente abermals die Baureihe 110, für die der VEB Strömungsmaschinen Pirna ein hydrodynamisches Wendegetriebe entwickelt hatte. Das Getriebe ermöglichte einen Fahrtrichtungswechsel während des Rangierens ohne Stillstand der Lok. Nach einigen Standversuchen wurde 1978 das neue Getriebe in 110 156 und 110 161 eingebaut. Die ab 1. Januar 1985 als Baureihe 108 bezeichneten

Foto: J. Walter, Slg. Friedhelm Köhler

Foto: Friedhelm Köhler

Maschinen bewährten sich zwar, der Serienumbau unterblieb jedoch. Auf der Grundlage der Baureihe 108 entwickelte die DR in Zusammenarbeit mit dem LEW Hennigsdorf Ende der 1980er-Jahre noch die schwere Rangierdiesellok der Baureihe 109 (LEW-Typ V 100.6), die einen auf 750 kW eingestellten 12 KVD A-5 erhalten sollte. Die geplante Beschaffung fiel jedoch den tief greifenden politischen und wirtschaftlichen Umwälzungen der Jahre 1989/90 zum Opfer.

Knapp zehn Jahre vorher benötigte die DR dringend weitere Dieselloks für den Güterzugdienst. Aufgrund des Paradigmenwechsels in der DDR-Verkehrspolitik stieg ab 1981/82 das Frachtaufkommen bei der DR deutlich an. Um den Bedarf an Güterzugloks kurzfristig zu decken, beschaffte die DR die Baureihe 111. Diese entsprach im Wesentlichen der vom LEW Hennigsdorf aus der V 100.0 abgeleiteten V 100.4. Die für den schweren Rangierdienst auf Werkbahnen entwickelte V 100.4 war nur für 65 km/h zugelassen und besaß eine höhere Reibungsmasse. Die orange lackierten Maschinen hoben sich durch die Rangierbühnen an den Stirnseiten deutlich von der Baureihe 110 und deren Varianten ab. Allerdings entpuppte sich die Baureihe 111 als Fehlinvestition. Für den Zugdienst war sie zu schwach, für den schweren Rangierdienst aufgrund des fehlenden Stufengetriebes nur bedingt geeignet. Vor diesem Hintergrund entstand die Idee, die Baureihe 111 analog der Baureihe 108 mit einem Strömungswendegetriebe auszurüsten. 111 036 und 111 037 dienten 1990 als Baumuster. Von November 1991 bis August 1993 wurden alle 111er umgebaut und zur Baureihe 298 umgezeichnet. Außerdem wurden 45 Maschinen der Baureihe 110 zur Baureihe 298 umgebaut. Ab Juni 1997 wurden alle 298er mit Funkfernsteuerung und automatischen Rangierkupplungen ausgerüstet. Doch damit waren die Einsatzmöglichkeiten der Baureihe 110 noch lange nicht erschöpft. Ab 1984 nahm das Frachtaufkommen auf den Schmalspurbahnen des Harzes deutlich zu. Die Zugförderung oblag im Wesentlichen den Neubau-Dampfloks der Baureihe 99.23–24. Doch die 1´E1´h2-Tenderloks bereiteten der DR in der Instandhaltung immer größere Probleme. Außerdem reichte der vorhandene Betriebspark nicht mehr aus. Angesichts dieser Lage schlug

Foto: Thomas Reger, Archiv Dirk Endisch

Foto: Slg. Friedhelm Köhler

die Rbd Magdeburg den Umbau einiger Dieselloks der Baureihe 110 auf Meterspur vor. Die DR stimmte dem Vorhaben im Sommer 1985 zu. Bereits 1987 sollte das Baumuster im Harz erprobt werden. Doch die Entwicklung der neuen dreiachsigen Drehgestelle verzögerte sich und konnte erst 1988 abgeschlossen werden. Am 21. November 1988 traf 199 863 als erste Umbaulok im Harz ein. Das zweite Baumuster, 199 871, folgte am 30. Dezember 1988. Nach Abschluss der Erprobung begann im Dezember 1989 der Serienumbau im Raw Stendal. Bis 1992 sollten 30 Maschinen der Baureihe 199.8 die Dampfloks im Harz nahezu vollständig ersetzen. Doch die politischen und wirtschaftlichen Veränderungen der Jahre 1989/90 vereitelten die Pläne der DR, die nur zehn Maschinen der Baureihe 199.8 in Dienst stellte. Die Harzer Schmalspurbahnen GmbH (HSB) übernahm 1993 alle zehn »Harz-Kamele«, wie die Maschinen genannt wurden. 1998 wurden vier Maschinen verkauft. Von den verbliebenen sechs Loks gehören heute nur noch drei zum Betriebspark. Sie dienen als Rangierlok in Wernigerode oder helfen im Reisezugdienst aus.

Ab 1990 büßte die Baureihe 110 und ihre Ableger erheblich an Bedeutung ein. Mit dem Zusammenbruch des Personen- und Güterverkehrs in den neuen Ländern verloren die Maschinen binnen weniger Jahre ihre angestammten Einsatzgebiete. Die Ausmusterung der ehemaligen V 100 setzte 1992 ein. Die DB AG musterte die letzten Exemplare der Baureihe 201 bereits 1998 aus. Die Baureihe 202 hatte im Jahr 2000 ausgedient. Lediglich die im Güterverkehr eingesetzten Baureihen 204 und 298 konnten sich länger behaupten. Die letzte 204er quittierte im Jahr 2009 den Dienst. Auch die Tage der Baureihe 298 sind gezählt. Lediglich bei einigen Werk- und Privatbahnen ist die DR-V 100 noch immer unentbehrlich. Das ehemalige Raw Stendal, das heute als »Alstom Lokomotiven Service GmbH« firmiert, bietet seinen Kunden auf der Grundlage der V 100 spezielle Maschinen für nahezu jeden Einsatz- und Leistungsbereich an. Die letzte Entwicklung war eine Hybrid-Lok für den Rangier- und Güterzugdienst.

Baureihe	V 100.0	V 100.2	V 100.4	-	-	-
Baureihen-Nr. ab 1970	110.0	110.2–8	111	112	114	199.8
Baureihen-Nr. ab 1992	201.0	201.2–8	293	202	204	-
Achsfolge	B´B´	B´B´´	B´B´	B´B´´	B´B´	C´C´
Höchstgeschwindigkeit	100[1] km/h	100 km/h	65 km/h	100 km/h	100 km/h	50 km/h
Länge über Puffer	13.940 mm	13.940 mm	14.240 mm	14.240 mm	14.240 mm	13.559 mm
Gesamtachsstand	9.300 mm	9.300 mm	9.300 mm	9.300 mm	9.300 mm	9.660 mm
Raddurchmesser	1.000 mm	1.000 mm	1.000 mm	1.000 mm	1.000 mm	850 mm
Anfahrzugkraft	156[2] kN	154 kN	207 kN	170 kN	202 kN	?
Dauerzugkraft	94[3] kN	94 kN	142 kN	105 kN	137 kN	?
Dieselmotor	12 KVD AL-2	12 KVD AL-2	12 KVD AL-3	12 KVD AL-4	12 KVD AL-4[5]	12 KVD AL-4
Motorleistung	736 kW	736 kW	736 kW	900[4] kW	1.100 kW	883 kW
Motordrehzahl (Volllast)	1.500 U/min	1.500 U/min	1.500 U/min	1.500 U/min	1.500 U/min	1.500 U/min
Masse (trocken)	4,3 t	4,3 t	4,2 t	4,16 t	5,7 t	4,16 t
Leistungsübertragung	hydr.	hydr.	hydr.	hydr.	hydr.	hydr.
Leermasse	61,2 t	58,7 t	60,8 t	60,2 t	60,2 t	?
Dienstmasse (2/3 Vorräte)	66,1 t	63,2 t	64,0 t	64,8 t	64,8 t	60,0
mittlere Achsfahrmasse	16,5 t	15,4 t	15,78 t	15,8 t	15,8 t	10,0 t
Dieselkraftstoff	2.500 l	2.500 l	2.500 l	2.500 l	2.500 l	2.500 l

Anmerkungen:
1 im Rangiergang 65 km/h; 2 im Rangiergang 215 kN; 3 im Rangiergang 150 kN; 4 ursprünglich nur 883 kW; 5 teilweise auch 12 KVD AL-5

Foto: Archiv Dirk Endisch

Baureihen 118.0, 118.1, 118.2, 118.5 und 118.6

(bis 1970: V 180; ab 1992: BR 228)

Die Baureihe V 180 genießt Kultstatus und ist für viele Eisenbahnfreunde heute der Inbegriff der DDR-Diesellok. Bereits wenige Jahre nach dem Zweiten Weltkrieg entwickelte die DR erste Ideen für den Bau moderner Dieselloks. Der erste Typenplan entstand bis Mitte der 1950er-Jahre. Das Konzept sah für den schweren Personen- und Güterverkehr auf nicht elektrifizierten Hauptstrecken die Beschaffung einer vierachsigen Diesellok mit zwei Maschinenanlagen, hydraulischer Kraftübertragung und einer Höchstgeschwindigkeit von 120 km/h vor. Ende 1955 begann die DR in Kooperation mit dem LKM Babelsberg und dem Institut für Schienenfahrzeuge (IfS) mit den Vorarbeiten für die als Baureihe V 180 bezeichnete Type. Die Ausgangslage dafür war denkbar ungünstig. In der DDR gab es kaum Unternehmen, die Erfahrungen im Bau von geeigneten Motoren und Getrieben besaßen. Mögliche Lieferanten hatten ihren Sitz in der Bundesrepublik. Der Erwerb von Baugruppen oder Lizenzen schied aufgrund der angespannten Devisensituation der DDR aus. Daher musste die DR gemeinsam mit dem LKM Babelsberg und den Zulieferbetrieben zunächst die Grundlagen zum Bau von Großdieselloks in der DDR schaffen. Dennoch legte das IfS bereits 1956 die ersten Zeichnungen für die V 180 vor. Drei Jahre später lieferte der LKM Babelsberg das Baumuster V 180 001, dessen messtechnische Untersuchung am 12.

Foto: Thomas Rieger, Archiv Dirk Endisch

03 0019-4

Foto: Slg. Uwe Oswald

Februar 1960 begann. Die Lok besaß jedoch zwei gravierende Mängel – sie war zu schwer und die Laufruhe der Drehgestelle befriedigte nicht. Daher erhielt V 180 002 neue Drehgestelle. Das Gewichtsproblem blieb jedoch ungelöst. Der LKM Babelsberg lieferte 1963 die Vorserie (V 180 003, V 180 004), der die Kleinserie (V 180 005 bis V 180 009) folgte. Die Serienproduktion der V 180 lief Ende 1963 an. Da die DDR-Industrie noch kein bahnfestes Strömungsgetriebe für die V 180 entwickelt hatte, wurden die notwendigen Baugruppen von einer österreichischen Tochter der Firma Voith gekauft. Die DR stellte bis 1965 insgesamt 85 Maschinen der Baureihe V 180.0 in Dienst.

Parallel dazu verbesserte der VEB Motorenwerk Johannistahl den 12 KVD A-I, dessen Leistung von 900 auf 1.000 PS angehoben wurde. Der neue 12 KVD A-II wurde ab 1965 eingebaut. Diese Maschine stellte die DR als Baureihe V 180.1 in Dienst. Insgesamt 82 Exemplare beschaffte die DR bis 1967 von dieser Type.

Zu diesem Zeitpunkt gab es mit der sechsachsigen V 180.2 eine weitere Variante. Um das Gewichtsproblem zu lösen, entwickelte der LKM Babelsberg für die Baureihe V 180 neue dreiachsige Drehgestelle. Dadurch sank die Achsfahrmasse von 19,7 auf 15,6 t. Damit konnte die V 180.2 auch auf Nebenbahnen eingesetzt werden. Bereits auf der Leipziger Frühjahrsmesse 1964 präsentierte der LKM Babelsberg das Baumuster V 180 201. Nach nur geringfügigen Änderungen begann 1966 die Serienlieferung der Baureihe V 180.2.

Um die Produktionskosten für die V 180 zu senken, trieb die DDR-Schienenfahrzeug-Industrie die Entwicklung eines geeigneten Strömungsgetriebes voran. Die ersten Baumuster wurden 1964 bei V 180 020 und V 180 021 erprobt. Es dauerte aber noch Jahre, bis diese einwandfrei funktionierten. Als erste Maschine erhielt V 180 300 Strömungsgetriebe aus der DDR. Die bereits in Dienst gestellten Maschinen wurden später im Zuge der planmäßigen Instandhaltung auf DDR-Aggregate umgestellt.

V 180 059, V 180 131 und V 180 203 fielen durch ihre anders gestalteten Frontpartien auf. Die DR beauftragte Industrie-Designer mit der Ent-

Foto: Slg. Uwe Oswald

wicklung einer neuer Stirnseite für die V 180. Die Frontscheiben sollten so angeordnet sein, dass der Lokführer nicht mehr durch einfallendes Sonnenlicht geblendet wurde. So entstand eine Frontpartie aus glasfaserverstärktem Kunststoff, mit der zuerst V 180 059 ausgerüstet wurde. Der LKM Babelsberg stellte die Lok aufgrund ihrer beiden 1.000 PS-Motoren als »V 200 1001« 1965 auf der Leipziger Frühjahrsmesse aus. Ein Jahr später war hier die V 180 als »V 200 117« zu sehen. 1967 folgte V 180 203. Die ungewöhnliche Stirnseite brachte den drei Loks den Spitznamen »Schlägermütze« ein. Allerdings war der aus Blech- und Kunststoffteilen bestehende Führerstand kein Erfolg, da immer wieder Fahrtwind eindrang. Die drei Loks blieben Einzelstücke. Während V 180 203 in den 1970er-Jahren herkömmliche Führerstände erhielt, waren V 180 059 und V 180 131 bis zu ihrer Ausmusterung 1984 bzw. 1989 als »Schlägermützen« im Einsatz.

Mitte der 1960er-Jahre plante die DR eine weitere Anhebung der Motorenleistung. Dies gelang durch einen höheren Arbeitsdruck des Turboladers. Mit zwei 1.200 PS-Motoren wurde die spätere 118 202 auf der Leipziger Frühjahrsmesse 1965 als »V 240 001« vorgestellt. Allerdings musste das Projekt »V 240« auf Anweisung der DDR-Regierung 1968 beendet werden. Mit Indienststellung der V 180 406 am 10. April 1970 endete der Bau von Großdieselloks in der DDR. Neun V 180 gelangten zu den BUNA-Werken in Schkopau und den Leuna-Werken. Diese Maschinen besaßen jedoch geänderte Achsgetriebe, die nur eine Höchstgeschwindigkeit von 100 bzw. 85 km/h zuließen. Dafür entwickelten die Loks eine höhere Zugkraft.
Anfang der 1970er-Jahre griff die DR das Projekt »V 240« wieder auf. Auf der Grundlage des 12 KVD A-II wurden nun zwei neue Motoren mit einer Leistung von 736 kW (12 KVD A-3) und 900 kW (12 KVD AL-4) entwickelt. Das 900 kW-

Fotos (2): Slg. Uwe Oswald

Foto: J. Walter, Slg. Friedhelm Köhler

Aggregat wurde ab 1971 in der Lok 118 373 erprobt. Der Umbau war ein voller Erfolg, so dass die DR weitere Maschinen umrüsten ließ. Bis 1990 wurden insgesamt 179 Maschinen mit Motoren des Typs 12 KVD AL-4 ausgerüstet. Zur besseren Unterscheidung von den anderen Loks wurden sie zur Baureihe 118.6–8 umgezeichnet. Der 12 KVD A-3 wurde hingegen bei der 118 068 erprobt. Diese erhielt außerdem neue Getriebe. 1979 begann der Serienumbau, der 1987 abgeschlossen wurde. Die 52 Maschinen wurden als Baureihe 118.5 bezeichnet.

Das Leistungspotenzial der Baureihe 118 war damit jedoch noch nicht erschöpft. Im Rahmen der »Extremerprobung« wurden einige 12 KVD AL-4 auf eine Leistung von 1.100 kW eingestellt. Mit diesen Aggregaten wurde ab Juni 1980 die 118 805 erprobt. Ihr folgte 1981 die 118 625. Aufgrund des neuen Dreiwandler-Strömungsgetriebes war 118 625 die wirtschaftlichste diesel-hydraulische Lok der DR. 118 124 erhielt ebenfalls zwei 1.100 kW-Motoren. Mit einer Zughakenleistung von 1.570 kW war sie die leistungsstärkste diesel-hydraulische Maschine der DR.

Ende der 1980er-Jahre spielten die vierachsigen Maschinen der Baureihe 118 jedoch kaum noch ein Rolle in den Planungen der DR. Diese wollte die Loks ab Mitte der 1990er-Jahre schrittweise ausmustern. Die tief greifenden wirtschaftlichen Umwälzungen der deutschen Wiedervereinigung beschleunigten diesen Prozess. Bereits Ende 1993 wurden die letzten Maschinen der Baureihe 118.5 ausgemustert. 1995 gehörten nur noch 60 Maschinen der Baureihen 228.2–4 und 228.6–8 zum Bestand der DR. Ein Jahr später waren es nur noch zehn Maschinen. Die letzten Exemplare wurden im Juni 1998 ausgemustert. Heute setzen nur noch einzelne Privatbahnen die ehemalige V 180 ein. Weitere Maschinen können in Eisenbahn-Museen besichtigt werden.

Foto: Archiv Dirk Endisch

Baureihe	V 180.0	V 180.1	V 180.2	-	-
Baureihen-Nr. ab 1970	118.0	118.1	118.2–4	118.5	118.6–8
Baureihen-Nr. ab 1992	228.0	228.1	228.2–4	228.5	228.6–8
Achsfolge	B´B´´	B´B´	C´C´	B´B´´	C´C´
Höchstgeschwindigkeit	120 km/h	120 km/h	120 km/h	120 km/h	120 km/h
Länge über Puffer	19.460 mm	19.460 mm	19.460 mm	19.460 mm	19.460 mm
Gesamtachsstand	15.600 mm	15.600 mm	14.510 mm	15.600 mm	14.510 mm
Raddurchmesser	1.000 mm	1.000 mm	1.000 mm	1.000 mm	1.000 mm
Anfahrzugkraft	215 kN	255 kN	230 kN	224 kN	270 kN
Dauerzugkraft	124 kN	163 kN	154 kN	112 kN	178 kN
Dieselmotor	2 x 12 KVD AL-1	2 x 12 KVD AL-2	2 x 12 KVD AL-2	2 x 12 KVD AL-3	2 x 12 KVD AL-4
Motorleistung	662 kW	736 kW	736 kW	736 kW	900 kW
Motordrehzahl (Volllast)	1.500 U/min	1.500 U/min	1.500 U/min	1.500 U/min	1.500 U/min
Masse (trocken)	4,8 t	4,3 t	4,3 t	4,6 t	5,7 t
Leistungsübertragung	hydr.	hydr.	hydr.	hydr.	hydr.
Leermasse	70,5 t	72,3 t	87,3 t	72,9 t	88,7 t
Dienstmasse (2/3 Vorräte)	78,0 t	78,7 t	93,6 t	79,3 t	95,0 t
mittlere Achsfahrmasse	19,5 t	19,7 t	15,6 t	19,3 t	15,6 t
Dieselkraftstoff	3.800 l	3.800 l	3.800 l	3.800 l	3.800 l

Foto: Thomas Rieger, Archiv Dirk Endisch

Baureihe 119 (ab 1992: BR 219, 229)

Die DR benötigte Anfang der 1970er-Jahre für den schweren Personen- und Güterverkehr auf Strecken mit schwächerem Oberbau dringend leistungsfähige Dieselloks. Zwischen 1966 und 1970 hatte die DR dafür die Maschinen der Baureihe V 180.2 beschafft. Deren Fertigung musste jedoch auf Anweisung der DDR-Regierung eingestellt werden. Damit konnte die DR ihren Bedarf nur durch Import-Maschinen aus den sozialistischen Bruderstaaten decken. Bereits im Februar 1973 führte die DR erste Gespräche mit der rumänischen Lokfabrik »23. August« in Bukarest. Die DR wünschte den Bau einer 120 km/h schnellen diesel-hydraulischen Maschine, deren Zughakenleistung 1.800 PS betragen sollte. Außerdem wurden eine Achsfahrmasse von 16 t und eine elektrische Zugheizung gefordert. Im Herbst 1974 bestellte die DR die beiden Baumuster. Als 1976 die 119 001 in der DDR eintraf, gab es ein böses Erwachen. Die Maschine wies erhebliche Konstruktions- und Fertigungsmängel auf. Es vergingen Jahre, bevor die DR die Probleme mit der Baureihe 119 gelöst hatte. Dies führte u.a. dazu, dass die DR ihre ursprüngliche Bestellung auf 200 Loks verringerte. Die letzten Exemplare wurden 1985 in Dienst gestellt. Zu diesem Zeitpunkt lief bereits die »Germanisierung« der

Foto: Dirk Endisch

Lokomotiven der Baureihe 119, die nun mit Motoren und Strömungsgetrieben aus DDR-Produktion ausgerüstet wurden.
Ab 1990 suchte die DR nach einer 140 km/h schnellen Diesellok mit einer leistungsfähigen Zentralen Energieversorgung (ZEV). Auf der Basis der Baureihe 119 entwickelten die DR und Krupp Verkehrstechnik die Baureihe 229. Nach der Vorstellung des Baumusters am 8. April 1992 wurden bis Herbst 1993 insgesamt 20 Maschinen zur Baureihe 229 umgebaut. Doch diese wurden nur wenige Monate im hochwertigen Reisezugdienst eingesetzt. Ab 1995 wurde die Baureihe 229 wie auch die Baureihe 219 meist nur noch im Nah- und Regionalverkehr eingesetzt. 1999 begann die DB AG damit, die erst wenige Jahre alten Maschinen aufs Abstellgleis zu schieben. Die letzte 229er wurde im Juli 2001 abgestellt. Zwei Jahre später waren auch die Tage der Baureihe 219 gezählt. Die letzten Vertreterinnen schieden im Sommer 2003 aus dem Betriebspark der DB AG aus.

Baureihen-Nr. ab 1970	119	-
Baureihen-Nr. ab 1992	219	229
Achsfolge	C'C'	C'C'
Höchstgeschwindigkeit	120 km/h	140 km/h
Länge über Puffer	19.500 mm	19.500 mm
Gesamtachsstand	14.510 mm	14.510 mm
Raddurchmesser	1.000 mm	1.000 mm
Anfahrzugkraft	220[1] kN	276 kN
Dauerzugkraft	162[2] kN	180 kN
Dieselmotor	2 x M 820 SR	2 x 12 V 396
Motorleistung	955 kW	1.240 kW
Motordrehzahl (Volllast)	1.500 U/min	1.500 U/min
Masse (trocken)	3,8 t	?
Leistungsübertragung	hydr.	hydr.
Leermasse	95,0 t	?
Dienstmasse (2/3 Vorräte)	99,0 t	100,0 t
mittlere Achsfahrmasse	16,5 t	16,7 t
Dieselkraftstoff	4.000 l	4.000 l

Anmerkungen:
1 ohne Zusatzwandler 205 kN
2 ohne Zusatzwandler 144 kN

Foto: Thomas Rieger, Archiv Dirk Endisch

Baureihe 120 (bis 1970: V 200; ab 1992: BR 220)

Die Baureihe 120 ging als »Taigatrommel« oder »Wumme« in die Eisenbahngeschichte ein. Dabei war die Beschaffung der Maschinen seitens der DR eigentlich gar nicht vorgesehen. Die DR wollte ihren Bedarf an Dieselloks ursprünglich durch einheimische Typen decken. Mit dem »Verdieselungsbeschluss« der DDR-Regierung vom 17. März 1966 entstand jedoch ein großer Bedarf an Dieselloks für den schweren Personen- und Güterzugdienst.

Dieser konnte aber nur durch Importe aus der Sowjetunion gedeckt werden. Die Lokomotivfabrik »Oktoberrevolution« in Lugansk (ab 1970: Woroschilowgrad) hatte für die Ungarischen Staatsbahnen (MAV) dieselelektrische Loks des Typs M 62 entwickelt. Aus dieser Type entstand schließlich die V 200 der DR, die am 23. Juli 1966 die ersten Exemplare in Auftrag gab. Die beiden Baumuster konnte die DR am 10. November 1966 in Dienst stellen.

Technisch und konzeptionell unterschied sich die V 200 grundsätzlich von den Dieselfahrzeugen aus DDR-Produktion. Die V 200 besaß eine elektrische Kraftübertragung und einen Zweitaktdieselmotor. Aufgrund ihrer hohen Achsfahrmasse von 19,2 t und der fehlenden Zugheizung konnte die V 200 nur im Güterzugdienst auf Hauptbahnen eingesetzt werden. Größtes Problem war jedoch der fehlende Schalldämpfer, dessen Prototyp erst 1967 getestet werden konnte. Gleichwohl beschaffte die DR bis August 1969 zunächst 287 Exempla-

Foto: Archiv Dirk Endisch

re der Baureihe V 200 (ab 1970: Baureihe 120), mit denen der Traktionswechsel auf den nicht elektrifizierten Hauptbahnen vorangetrieben werden konnte. Bis 1976 stockte die DR ihren Bestand auf 378 »Taigatrommeln« auf. Nach der Beseitigung der Konstruktionsmängel galt die »Wumme« als robust, zuverlässig und leistungsstark.

Erst Anfang der 1980er-Jahre verlor die ehemalige V 200 durch die forcierte Elektrifizierung der wichtigsten Hauptstrecken an Bedeutung. Der Zusammenbruch des Güterverkehrs auf den Strecken der DR in den Jahren 1990/91 entzog der Baureihe 120 ihre Existenzgrundlage. 1992 waren nur noch 292 Maschinen vorhanden. Zwei Jahre später war die »Taigatrommel« lediglich in Dresden-Friedrichstadt, Gera und Leipzig-Wahren stationiert. Die letzte von ihnen wurde am 21. Dezember 1994 abgestellt.

Baureihe	V 200
Baureihen-Nr. ab 1970	120
Baureihen-Nr. ab 1992	220
Achsfolge	Co´Co´
Höchstgeschwindigkeit	100 km/h
Länge über Puffer	17.770 mm
Gesamtachsstand	12.800 mm
Raddurchmesser	1.050 mm
Anfahrzugkraft	300 kN
Dauerzugkraft	197,5 kN
Dieselmotor	14 D 40
Motorleistung	1.470 kW
Motordrehzahl (Volllast)	750 U/min
Masse (trocken)	12,5 t
Leistungsübertragung	elektr.
Leermasse	111,6 t
Dienstmasse (2/3 Vorräte)	115,1 t
mittlere Achsfahrmasse	19,2 t
Dieselkraftstoff	3.900 l

Foto: Friedhelm Köhler

Baureihen 130, 130.1, 131, 132 und 142

(bis 1970: V 300; ab 1992: BR 230, 231, 232, 242 und 754)

Als einzige ehemalige DR-Diesellok setzt die DB AG heute noch einige Exemplare der ehemaligen Baureihe 132 und deren Ableger ein. Auslöser für die Beschaffung der heute als »Ludmilla« bekannten Type war der am 17. März 1966 von der DDR-Regierung gefasste »Verdieselungsbeschluss«. Mit diesem Papier wurde die DR verpflichtet, anstelle der ursprünglich vorgesehenen Elektrifizierung den Traktionswechsel größtenteils mit Dieselloks fortzusetzen. Dieser Paradigmenwechsel hatte für die DR gravierende Folgen, denn für den schweren Personen- und Güterzugdienst standen keine geeigneten Triebfahrzeuge zur Verfügung.

Die bisher beschafften Baureihen V 180 und V 200 konnten die Dampfloks der Baureihen 01, 01.5, 03, 03.10, 41 und 44 im oberen Leistungsbereich nicht ersetzen. Daher stellte die DR noch 1966 das Lastenheft für eine 3.000 PS starke Diesellok mit elektrischer Kraftübertragung und elektrischer Zugheizung auf. Mit der Entwicklung der gewünschten Maschine wurde die Lokomotivfabrik »Oktoberrevolution« in Lugansk (ab 1970: Woroschilowgrad) beauftragt. Die sowjetischen Ingenieure konnten angesichts der geforderten Traktionsleistung jedoch nicht auf den bei der V 200 verwendeten Gleichstromgenerator zurückgreifen, da die durch die rotierenden Teile des Generators erzeugten Kräfte zu groß waren. Die Leistungsübertragung erfolgte nun mit Hilfe eines Drehstrom-Synchron-Generators und einer Gleichrichteranlage, die den Gleichstrom für Fahrmotoren erzeugte. Bereits 1968 absolvierte das Baumuster der als TE 109 bezeichneten Neuentwicklung seine ersten Probefahrten.

Anschließend präzisierte die DR ihr Lastenheft. Doch die sowjetische Seite kümmerte sich kaum um die Wünsche des Kunden. Wesentliche Punkte, wie z.B. die elektrische Wi-

Foto: Slg. Klaus-Dieter Baedermann (†)

derstandsbremse, die elektrische Zugheizung und die maximale Achsfahrmasse von 18,5 t, wurden einfach ignoriert. Dennoch hatte die DR keine Wahl – sie unterschrieb am 29. Juli 1969 den Vertrag über die ersten Exemplare der V 300. Deren Baumuster wurde auf der Leipziger Frühjahrsmesse 1970 gezeigt.

Die Messfahrten der VES-M Halle (Saale) deckten jedoch gravierende Mängel auf. Dazu gehörte u.a. die mit 19,4 t viel zu hohe Achsfahrmasse. Die Zughakenleistung und der Wirkungsgrad der elektrischen Kraftübertragung waren hingegen sehr gut. Dennoch konnte die DR mit der Baureihe 130 nicht zufrieden sein. Aufgrund der fehlenden Zugheizung konnten die 140 km/h schnellen Maschinen nur im Güterzugdienst eingesetzt werden. Die Lokführer bemängelten die zu großen Front- und Seitenscheiben. Die Folge: Im Sommer herrschten tropische Temperaturen in den Führerständen, im Winter vereisten die Scheiben sehr schnell. Dies alles waren Gründe, weshalb die DR bis Mai 1973 nur 80 Exemplare der Baureihe 130 beschaffte.

Im Herbst 1971 wurde erstmals die Idee erörtert, aus der Baureihe 130 eine langsamere, dafür aber zugstärkere Variante für den Einsatz auf den steigungsreichen Hauptbahnen in Sachsen und Thüringen abzuleiten. Dazu musste lediglich die Getriebeübersetzung modifiziert werden. Mit der Verringerung der Höchstgeschwindigkeit auf 100 km/h konnte außerdem

Foto: Thomas Rieger, Archiv Dirk Endisch

die elektrische Widerstandsbremse entfallen. Eine neue schnellwirkende Druckluftbremse reichte aus. 131 001 wurde am 11. Januar 1973 als erste ihrer Baureihe in Dienst gestellt. Sie bestach durch ihre um rund 50 % höhere Zugkraft im Vergleich zur Baureihe 130. Die ersten 26 Exemplare der Baureihe 131 trafen noch mit Lokschildern der Baureihe 130 in der DDR ein. Bis November 1973 beschaffte die DR insgesamt 76 Maschinen der Baureihe 131. 130 058, 130 060 und 130 064 wurden zwischen 1979 und 1986 zur Baureihe 131 umgebaut.

Parallel zur Entwicklung der Baureihe 131 konstruierte die DR in Kooperation mit der Lokomotivfabrik »Oktoberrevolution« die dringend benötigte elektrische Zugheizung. Diese konnte erstmals bei der am 17. April 1973 in Dienst gestellten 130 102 getestet werden. Der Heizgenerator entwickelte eine Leistung von bis zu 600 kW, die aber nicht mehr für die Traktion zur Verfügung standen. Das zweite Baumuster (130 101) folgte im März 1974. Um die Zugheizungseinrichtung unterbringen zu können, musste der Rahmen der beiden Loks um 20 cm verlängert werden.

Mit der ab Dezember 1973 beschafften Baureihe 132 stand der DR endlich die sehnlichst erwartete Diesellok für den schweren Personen- und Güterzugdienst zur Verfügung. Im Unterschied zu den beiden Loks der Baureihe 130.1 war die Baureihe 132 aber nur für 120 km/h zugelassen. Allerdings war die Freude an »Ludmilla« nicht ungetrübt: Durch die Zugheizungseinrichtung stieg die Achsfahrmasse auf 20,4 t an, was zu einem erheblichen Verschleiß an den Gleisen führte. Doch diese Probleme konnten gelöst werden und so wurde die Baureihe 132 binnen weniger Jahre zum Rückgrat im schweren Zugdienst auf den nicht elektrifizierten Hauptbahnen der DR. Die Lokführer schätzten die »Ludmilla« als robust, zuverlässig und leistungsstark. Parallel zur 3.000 PS starken Baureihe 132 plante die DR noch die Beschaffung einer 4.000 PS star-

Foto: Slg. Uwe Oswald

ken Variante, die als Baureihe 142 bezeichnet wurde. Die Vorarbeiten dazu begannen bereits Anfang der 1970-Jahre. Aufbauend auf der T 109 entwickelte die Lokomotivfabrik »Oktoberrevolution« die TE 115, von der die DR 1973 zunächst vier Exemplare in Auftrag gab. Diese wurden zwischen Mai und Oktober 1977 als 142 001 bis 142 004 in Dienst gestellt. Ein Jahr später folgten zwei weitere Exemplare. Die Baureihe 142 stimmte in vielen Teilen mit der Baureihe 132 überein. Die wichtigsten Neuentwicklungen waren der neue Hauptgenerator und die Fahrmotoren des Typs ED 120. Die höhere Leistung des baugleichen Motors resultierte aus dem höheren Mitteldruck des neuen Abgasturboladers. Allerdings verzichtete die DR auf die Beschaffung weiterer Maschinen der Baureihe 142, da die Dieseltraktion nicht mehr von der Politik protegiert wurde.

Vor dem Hintergrund steigender Erdölpreise und einer schweren Energiekrise in der DDR vollzog die SED auf ihrem X. Parteitag im Frühjahr 1981 einen Richtungswechsel in ihrer Verkehrspolitik. Fortan sollten die wichtigsten Hauptstrecken der DR elektrifiziert werden. Die Beschaffung der »Ludmilla« endete mit der Indienststellung der 132 709 am 16. Juli 1982. Insgesamt 873 Exemplare der Baureihen 130, 130.1, 131, 132 und 142 hatte die DR erworben.

Über Jahre hinweg war die Baureihe 132 nebst ihrer Varianten auf den Strecken der DR unverzichtbar. Dies änderte sich erst mit den gravierenden wirtschaftlichen Umwälzungen in den 1990er-Jahren. Mit dem Zusammenbruch des Güterverkehrs konnte die DR auf die Maschinen der Baureihen 230 und 231 verzichten. Anfang 1994 stellte das Bw Seddin die letzten Exemplare der Baureihe 230 ab. Im Frühjahr 1995 hatten die letzten Loks der Baureihe 231 ausgedient. Das Bw Stralsund hatte sich bereits im Sommer 1994 von den verbliebenen beiden Maschinen der Baureihe 242 verabschiedet.

Die beiden Versuchsloks 130 101 und 130 102 trugen ab 1992 die Betriebs-Nr. 754 101 und 754 102. Die Maschinen wurden meist nur noch für Test- und Messfahrten herangezogen. 754 101 wurde als letzte im Frühjahr 1997 abgestellt. Sie blieb aber als Museumslok in Halle (Saale) erhalten.

Auf die Baureihe 232, von der 1995 noch mehr als 570 Stück vorhanden waren, konnte die DB AG hingegen nicht verzichten. Durch verschiedene Umbauten (Motoren und Getriebeübersetzungen) in den 1990er-Jahren entstanden die Baureihen 232.8, 233, 234, 241 und 241.8. Inzwischen ist der Beriebspark auf weniger als 100 Exemplare geschrumpft, die meist im Güterzugdienst Verwendung finden.

Foto: Dirk Endisch

Baureihe	V 300	-	-	-	-
Baureihen-Nr. ab 1970	130	130.1	131	132	142
Baureihen-Nr. ab 1992	230	754	231	232	242
Achsfolge	Co´Co´	Co´Co´´	Co´Co´	Co´Co´	Co´Co´´
Höchstgeschwindigkeit	140 km/h	140 km/h	100 km/h	120 km/h	120 km/h
Länge über Puffer	20.620 mm	20.620 mm	20.620 mm	20.820 mm	20.820 mm
Gesamtachsstand	15.850 mm	15.850 mm	15.850 mm	16.050 mm	16.050 mm
Raddurchmesser	1.050 mm	1.050 mm	1.050 mm	1.050 mm	1.050 mm
Anfahrzugkraft	250 kN	250 kN	340 kN	340 kN	343 kN
Dauerzugkraft	172 kN	172 kN	270 kN	200 kN	241 kN
Dieselmotor	5 D 49	5 D 49	5 D 49	5 D 49	2-5 D 49
Motorleistung	2.206 kW	2.206 kW	2.206 kW	2.232 kW	2.941 kW
Motordrehzahl (Volllast)	1.000 U/min	1.000 U/min	1.000 U/min	1.000 U/min	1.000 U/min
Masse (trocken)	10,5 t	10,5 t	10,5 t	10,5 t	?
Leistungsübertragung	elektr.	elektr.	elektr.	elektr.	elektr.
Leermasse	112,6 t	?	112,6 t	119,0 t	?
Dienstmasse (2/3 Vorräte)	116,2 t	120,0 t	116,2 t	122,4 t	126,0 t
mittlere Achsfahrmasse	19,4 t	20,5 t	19,4 t	20,4 t	20,9 t
Dieselkraftstoff	6.000 l	6.000 l	6.000 l	6.000 l	6.000 l

Foto: Archiv Dirk Endisch

Baureihe 199.3 (bis 1970: V 30; bis 1973: BR 103.9)

Die 199 301 war ein Einzelgänger bei der DR. Die Generaldirektion der Indonesischen Staatsbahn (PNKA) beauftragte 1964 den LKM Babelsberg mit der Entwicklung einer 350 PS starken Diesellok mit hydraulischer Kraftübertragung und einer Spurweite von 1.067 mm (Kapspur). Entsprechend den Vorgaben der PNKA wurde die werksintern als V 30 C bezeichnete Type mit einem Maybach-Motor und einem Voith-Getriebe ausgerüstet. Um das Baumuster auf den Strecken der Harzquer- und Brockenbahn testen zu können, wurde es in Meterspur ausgeführt. Die als V 30 001 bezeichnete Lok traf am 2. Februar 1966 in Wernigerode ein. Die V 30 001 erwies sich als gelungene Konstruktion, so dass die Fertigung der 20 Serienloks 1966 ohne nennenswerte Änderungen anlaufen konnte. Das Baumuster verblieb in der DDR und wurde 1967 wieder nach Wernigerode gebracht. Die DR mietete die Maschine an. Erst 1970 konnten sich die DR und der LKM Babelberg über den Kaufpreis einigen. Auf der Harzquer- und Brockenbahn diente 199 301 (bis 1973: 103 901) als Rangierlok oder bespannte Bau- und Arbeitszüge. Heute ist die Lok nicht betriebsfähig im Lokschuppen von Ilfeld abgestellt.

Baureihe	V 30
Baureihen-Nr. ab 1973	199.3
Achsfolge	C
Höchstgeschwindigkeit	30[1] km/h
Länge über Puffer	8.020 mm
Gesamtachsstand	3.100 mm
Raddurchmesser	900 mm
Anfahrzugkraft	9,8[2] Mp
Dieselmotor	MB 836 B[3]
Motorleistung	350[4] PS
Motordrehzahl (Volllast)	1.500 U/min
Leistungsübertragung	hydr.
Dienstmasse (2/3 Vorräte)	30 t
mittlere Achsfahrmasse	10 t
Dieselkraftstoff	500 l

Anmerkungen:
1 nach Umbau: 24 km/h; 2 nach Umbau: 9,7 Mp;
3 nach Umbau: 6 VD18/15SRW; ab1989 ohne Turbolader;
4 nach Umbau: 330 PS; ab 1989: 220 PS

Foto: Torsten Hardtke

Typen N 2, N 3 und N 4 (Regelspur)

Ende der 1940er-Jahre wurden in der DDR dringend Dieselloks für den Rangierdienst auf Werk- und Anschlussbahnen benötigt. Nach der Wiederaufnahme der Diesellok-Fertigung im LKM Babelsberg stellte dessen Konstruktionsbüro 1950 ein Typenprogramm mit vier Leistungsstufen (15 PS, 30 PS, 60 PS und 90 PS) auf. Für die Regelspur wurden insgesamt sieben Grundtypen projektiert. Davon wurden jedoch nur die Typen N 2, N 3 und N 4 in Serie gebaut. Als N 5 wurde später der Prototyp V 15 101 für die DR-Baureihe V 15.10/V 15.20 bezeichnet. Die Werksbezeichnung N 7 trug die 1956 zum Erprobungsmuster umgebaute V 36 080.

Die N 2 war eine Konstruktion des LKM Babelsberg. Sie baute auf den Kleinloks der Leistungsgruppe I auf. Die Loks besaßen einen geschweißten Außenrahmen, einen 30 PS starken Zweizylindermotor und ein mechanisches Zweiganggetriebe. Die N 2a mit Dreiganggetriebe wurde nicht gebaut. Von der N 2 lieferte Babelsberg in den Jahren 1951/52 lediglich 11 Exemplare.

Die Produktion der N 3 begann 1952. Die Type basierte auf den Kleinloks der Leistungsgruppe II. Die N 3 besaß einen Außenrahmen und einen wassergekühlten Vierzylindermotor mit 60 PS Leistung.

Das Drehmoment wurde mit Hilfe eines mechanischen Vierganggetriebes und Ketten übertragen. Als Varianten waren die N 3a (mit beheiztem Führerhaus), N 3b (mit Druckluftbremse) und N 3c (vorbereitet für Druckluftbremse) vorgesehen. Insgesamt 110 Maschinen verließen zwischen 1952 und 1956 die Werkhallen des LKM Babelsberg. Davon wurden einige Maschi-

nen in die ČSSR sowie nach China, Polen, Rumänien und Ungarn exportiert.
Die N 4 war die größte der drei Werkbahnloks des ersten Typenprogramms. Als Grundlage dienten den Ingenieuren die von O & K entwickelten Werkbahnloks der Typen RL 7 und RL 8. Die N 4 hatte einen geschweißten Innenrahmen, der den 90 PS starken Sechszylindermotor trug. Für die Kraftübertragung sorgten ein mechanisches Vierganggetriebe, eine Blindwelle und Kuppelstangen. Neben der Grundtype bot der LKM Babelsberg die Versionen N 4a (Breitspur mit beheiztem Führerhaus), N 4b (mit Druckluftbremse) und N 4c (vorbereitet für Druckluftbremse) an. Die Serienfertigung der N 4 begann 1953. Bis 1958 wurden 253 Maschinen ausgeliefert. Als Nachfolgemodell für die N 4 bot der LKM Babelsberg die V 10 B an.

	N 2	N 3	N 4
Achsfolge	B	B	B
Höchstgeschwindigkeit	14 km/h	30 km/h	30 km/h
Länge über Puffer	5.340 mm	?	6.450 mm
Gesamtachsstand	2.500 mm	2.500 mm	2.500 mm
Raddurchmesser	800 mm	900 mm	900 mm
Anfahrzugkraft	1,45 Mp	2,43 Mp	3,65 Mp
Dieselmotor	16 V 2	16 V 4	16 V 6
Motorleistung	30 PS	60 PS	90 PS
Motordrehzahl (Volllast)	1.500 U/min	1.500 U/min	1.500 U/min
Leistungsübertragung	mech.	mech.	mech.
Leergewicht	?	12,5 t	16,6 t
Dienstmasse	9,0 t	15,0 t	17,0 t
mittlere Achsfahrmasse	4,4 t	7,5 t	8,5 t
kleinster Radius	35 m	40 m	40 m
Dieselkraftstoff	?	?	110 l[1]

Anmerkung:
1 teilweise auch 330 l

Foto: Archiv Dirk Endisch

Typen Ns 1, Ns 2, Ns 3 und Ns 4 (Schmalspur)

Nach dem Zweiten Weltkrieg bestand in der SBZ bzw. in der DDR ein großer Bedarf an schmalspurigen Dieselloks für den Einsatz auf Trümmer-, Feld- und Werkbahnen. Dieser konnte jedoch erst ab 1950 gedeckt werden. Dazu hatte das Konstruktionsbüro des LKM einen Typenplan für schmal- und regelspurige Kleindieselloks entwickelt. Die Schmalspur-Maschinen wurden entsprechend ihrer Motorleistung als Ns 1, Ns 2, Ns 3 und Ns 4 bezeichnet.

Die Ns 1 (500 und 600 mm Spurweite) sollte ursprünglich einen 15 PS-Motor erhalten. Da dieser jedoch nicht lieferbar war, wurde alternativ der Typ Ns 0 (11 PS) entwickelt, aber nicht gebaut. Stattdessen rüstete LKM die Ns 1 mit einem 10 PS-Motor aus. Als Varianten fertigte der Hersteller die Ns 1a (ab 1956; 15 PS Leistung), Ns 1b (elektrische Ausrüstung) und Nsg 1 (Grubenlok, 630 mm). Von der Ns 1 sowie den Ablegern Ns 1a und Ns 1b entstanden zwischen 1952 und 1960 insgesamt 706 Exemplare.

Die Produktion der Ns 2 (Spurweite 600–760 mm) begann bereits 1950. Sie war damit die erste Schmalspur-Diesellok aus dem LKM Babelsberg. Die Maschine verfügte über einen 30 PS starken Motor und ein Zweiganggetriebe. Von der Ns 2 bot der LKM Babelsberg eine Vielzahl von Versionen an. Dazu gehörten die Ns 2a (Spurweite 485–610 mm), Ns 2b (Spurweite 750–910 mm), Ns 2c (Spurweite 750–910 mm, elektrische Ausrüstung), Ns 2d (Spurweite 600–760 mm, elektrische Ausrüstung), Ns 2e (Spurweite 485–610 mm, elektrische Ausrüstung), Ns 2f (Spurweite 485–610 mm, geschlossenes Führerhaus), Ns 2h (Spurweite 600–760 mm, geschlossenes Führerhaus), Ns 2i (Spurweite 900 mm, Innenrahmen), Ns 2k (Spurweite 600–760 mm, offenes Führerhaus), Nsg 2 (Spurweite 500–630 mm, Grubenlok) und Nsg 2a (Spurweite 500–630 mm, Grubenlok mit Horch-Motor). Bis auf die Nsg 2a wurde alle Varianten der Ns 2 gebaut. Bis 1959 lieferte der LKM Babelsberg insgesamt mehr als 1.300 Maschinen aus. Die Ns 2 war damit die meist gebaute Schmalspur-Diesellok in der DDR.

Die Ns 3 (Spurweite 600–760 mm) war für den Streckendienst auf größeren Feldbahnen gedacht. Dem entsprechend erhielt sie einen 60 PS-Motor und ein Dreiganggetriebe. Von dieser Type gab es die Varianten Ns 3a (Spurweite 900–1.000 mm, Hülsenpuffer), Ns 3b (Spurweite 900–1.000 mm, Mittelpufferkupplung), Ns 3c (Spurweite 600–760 mm, Spezialkupplung), Ns 3d (Spurweite 600–760 mm, geschlossenes Führerhaus), Ns 3e (Spurweite 900–1.000 mm, geschlossenes Führerhaus), Ns 3f (Spurweite 600–760 mm, offenes Führerhaus), Ns 3h (Spurweite 900–1.000 mm, offenes Führerhaus), Ns 3i (Spurweite 800–900 mm, offenes Führerhaus) und Nsg 3 (Spurweite 500–630 mm, Grubenlok).

Zwischen 1952 und 1960 wurden 282 Exemplare der Ns 3 gebaut.

Die Ns 4 war die größte Maschine der vier Schmalspur-Typen. Sie war für den Einsatz auf größeren Industriebahnen gedacht. Die Loks besaßen einen Außenrahmen und einen 90 PS starken, wassergekühlten Sechszylinder-motor. Das Drehmoment wurde mit Hilfe eines Wendegetriebes, das unter dem Führerstand lag, über eine Blindwelle und Kuppelstangen auf die drei Achsen übertragen. Die Ns 4 war ursprünglich nur für die Spurweiten 600 und 750 mm konzipiert, wurde aber auch mit 900 und 1.000 mm Spurweite gebaut. Von der Ns 4 gab es lediglich eine Variante. Die Ns 4a wurde in der so genannten Tropenausführung gebaut. Der LKM Babelsberg produzierte zwischen 1954 und 1958 insgesamt 60 Maschinen.

	Ns 1	Ns 2	Ns 3	Ns 4
Achsfolge	B	B	B	C
Höchstgeschwindigkeit	8 km/h	8 km/h	15 km/h	24 km/h
Länge über Puffer	2.320 mm	3.040 mm	4.630 mm	5.340 mm
Gesamtachsstand	720 mm	1.030 mm	1.250 mm	1.800 mm
Raddurchmesser	376 mm	500 mm	700 mm	700 mm
Dauerzugkraft	1,0 Mp	1,4 Mp	3,0 Mp	3,6 Mp
Motorleistung	10 PS	30 PS	60 PS	90 PS
Leistungsübertragung	mech.	mech.	mech.	mech.
Dienstmasse	2,8 t	6,2 t	11 t	14,6 t
kleinster Radius	10 m[1]	10 m	15 m	20 m
Anmerkung: 1 Nsg 1: 7,5 m				

Foto: Archiv Dirk Endisch

Typ V 10 B (Regelspur)

Mitte der 1950er-Jahre überarbeitete der LKM Babelsberg in Zusammenarbeit mit dem Institut für Schienenfahrzeuge (IfS) sein Typenprogramm für Kleinloks. Die Ingenieure orientierten sich dabei in erster Linie am Export. Auf der Grundlage der N 4 und Ns 4 sollten einfache, aber moderne und leistungsfähige Rangierdieselloks für Werk- und Anschlussbahnen entwickelt werden. Priorität besaß dabei zunächst die regelspurige Type, die 1956 als V 10 B vorgestellt wurde. Die zweiachsige Maschine verfügte über einen 102 PS starken, luftgekühlten Sechszylindermotor, ein mechanisches Viergang-Wechselgetriebe, einen Blindwellenantrieb und einen geschlossenen, hochgesetzten Endführerstand. In der so genannten Tropenausführung wurde die V 10 B mit einem wassergekühlten Dieselmotor ausgerüstet. Die V 10 B wurde ein voller Erfolg. Zahlreiche Betriebe im In- und Ausland setzten die V 10 B auf ihren Werkbahnen ein. Von 1958 bis 1976 wurden 589 Exemplare der V 10 B gebaut.

Achsfolge	B
Höchstgeschwindigkeit	30 km/h
Länge über Puffer	6.940 mm
Gesamtachsstand	2.500 mm
Raddurchmesser	1.000 mm
Anfahrzugkraft	3,95 Mp
Dieselmotor	6 KVD 14,5[1]
Motorleistung	102 PS
Motordrehzahl (Volllast)	1.500 U/min
Masse (trocken)	0,77 t
Leistungsübertragung	mech.
Leermasse	17,5 t
Dienstmasse	18,0 t
mittlere Achsfahrmasse	9 t
kleinster Radius	40 m
Dieselkraftstoff	350 l

Anmerkung:
1 später durch 6 VD 14,5/12-1 SRL ersetzt

Foto: Archiv Dirk Endisch

Typ V 10 C (Schmalspur)

Parallel zur regelspurigen V 10 B entwickelte der LKM Babelsberg gemeinsam mit dem Institut für Schienenfahrzeuge in der zweiten Hälfte der 1950er-Jahre eine neue Schmalspur-Diesellok für den Einsatz auf Industrie- und Feldbahnen. Im Interesse einer rationellen Fertigung sollten dabei möglichst viele Baugruppen und Teile der V 10 B für die Schmalspurlok übernommen werden. Um die als V 10 C bezeichnete Type für alle gängigen Spurweiten zwischen 600 und 1.067 mm liefern zu können, wurden zwei Rahmenbauarten entwickelt. Der Außenrahmen war für Maschinen mit Spurweiten von 600 bis 762 mm gedacht, der Innenrahmen für Loks mit den Spurweiten 900 bis 1.067 mm. Das Drehmoment wurde über ein mechanisches Viergang-getriebe, eine Blindwelle (unter dem Führerstand) und Kuppelstangen auf die Räder übertragen. Die V 10 C avancierte für den LKM Babelsberg zu einem echten Verkaufserfolg. Zwischen 1959 und 1975 fertigte der Hersteller 496 Maschinen. Davon wurden 217 Exemplare exportiert, u.a. nach Ägypten, Bulgarien, China, Rumänien und in die Sowjetunion.

Achsfolge	C
Höchstgeschwindigkeit	24 km/h
Länge über Puffer	5.340 mm[1]
Gesamtachsstand	1.800 mm
Raddurchmesser	700 mm
Anfahrzugkraft	4,9 Mp
Dieselmotor	6 KVD 14,5
Motorleistung	102 PS
Motordrehzahl (Volllast)	1.500 U/min
Masse (trocken)	0,77 t
Leistungsübertragung	mech.
Leermasse	15,7 t
Dienstmasse	16,0 t
mittlere Achsfahrmasse	5,33 t
kleinster Radius	30 m
Dieselkraftstoff	160 l

Anmerkung:
1 bei einigen Loks 5.400 mm

Foto: Archiv Dirk Endisch

Reihe BN 150 (Import aus der CSSR)

In der zweiten Hälfte der 1950er-Jahre meldeten verschiedene Werkbahnen in der DDR Bedarf an einer 150 PS starken Rangierdiesellok an. Da der LKM Babelsberg noch keine Maschine dieser Leistungsklasse anbieten konnte, wurde der Import einer geeigneten Type aus der ČSSR beschlossen. Dort hatte das ČKD-Werk Sokolov in Zusammenarbeit mit den ČSD für den leichten Rangier- und Streckendienst die Reihe T 211.0 entwickelt. Für den Einsatz auf Werkbahnen wurde auf der T 211.0 die BN 150 abgeleitet. Die Maschine besaß einen wassergekühlten Tatra-Motor mit 150 PS Leistung und ein mechanisches, vierstufiges Getriebe. Zwischen 1958 und 1961 wurden mehr als 70 Exemplare der BN 150 für die DDR beschafft. Diese bewährten sich hervorragend im Rangierdienst. Aufgrund fehlender Ersatzteile wurden bereits Ende der 1960er-Jahre die ersten BN 150 ausgemustert. 1980 waren nur noch 30 Maschinen vorhanden. Zehn Jahre später setzte nur noch die Zuckerfabrik Wismar eine auf Elektroantrieb umgebaute BN 150 ein.

Achsfolge	**B**
Höchstgeschwindigkeit	**40 km/h**
Länge über Puffer	**7.298 mm**
Gesamtachsstand	**2.800 mm**
Raddurchmesser	**1.000 mm**
Anfahrzugkraft	**5,5 Mp**
Dieselmotor	**Tatra 111 A**
Motorleistung	**150 PS**
Motordrehzahl (Volllast)	**1.600 U/min**
Masse (trocken)	**970 kg**
Leistungsübertragung	**mech.**
Dienstmasse	**22 t**
mittlere Achsfahrmasse	**11 t**
kleinster Radius	**60 m**
Dieselkraftstoff	**350 l**

Foto: Dirk Endisch

Reihe T 334 (Import aus der CSSR)

Zahlreiche Industriebetriebe in der DDR benötigten Ende der 1950er-Jahre dringend neue Triebfahrzeuge für ihre Werk- und Anschlussbahnen. Für den mittelschweren Rangierdienst wurde eine Diesellok mit rund 400 PS Leistung gefordert. Doch für diesen Leistungsbereich hielt die Schienenfahrzeug-Industrie keine entsprechende Type vor. Also musste die gewünschte Lok aus der ČSSR importiert werden. Dort hatten die ČSD und das ČKD-Werk Prag Ende der 1950er-Jahre die Reihe T 334.0 entwickelt. Diese besaß einen Mittelführerstand, einen 410 PS starken Motor und eine hydraulische Kraftübertragung. Das Stufengetriebe mit Rangier- und Streckengang ermöglichte eine Höchstgeschwindigkeit von 30 bzw. 60 km/h. Im Herbst 1962 trafen die ersten T 334.0 in der DDR ein. Bis 1966 wurden über 70 Maschinen beschafft. Zwar überzeugten die Maschinen durch Zugkraft und Leistung, doch die Ersatzteilversorgung war äußerst kompliziert. Aus diesem Grund setzte bereits Anfang der 1970er-Jahre die Ausmusterung der T 334.0 ein. 1989 besaß nur noch der VEB Chemiefaserkombinat Rudolstadt-Schwarza acht T 334.0. Drei Maschinen blieben bis heute erhalten.

Achsfolge	**C**
Höchstgeschwindigkeit	**30 km/h[1]**
Länge über Puffer	**9.440 mm**
Gesamtachsstand	**4.000 mm**
Raddurchmesser	**1.000 mm**
Anfahrzugkraft	**14 Mp[2]**
Dauerzugkraft	**10,25 Mp[3]**
Dieselmotor	**12 V 170 DR**
Motorleistung	**410 PS**
Motordrehzahl (Volllast)	**1.400 U/min**
Leistungsübertragung	**hydr.**
Dienstmasse	**40,5 t**
mittlere Achsfahrmasse	**14 t**
kleinster Radius	**80 m**
Dieselkraftstoff	**1.000 l**

Anmerkungen:
1 im Streckengang: 60 km/h
2 im Streckengang: 12,25 Mp
3 im Streckengang: 5,7 Mp

Foto: Dirk Endisch

Reihe TGK 2-E1 (Import aus der UdSSR)

Nach der Einstellung der Produktion der V 22 B (DR-Baureihe V 23) 1976 bestand in der DDR weiterhin Bedarf an einer 250 PS starken Diesellok für Werk- und Anschlussbahnen. Der Bedarf musste nun durch Importe aus anderen sozialistischen Ländern gedeckt werden. Die Verantwortlichen entschieden sich für eine 250 PS starke dieselhydraulische Maschine der sowjetischen Gleisbaumaschinenfabrik Kaluga. Die Lok wurde entsprechend den deutschen Vorgaben modifiziert und als TGK 2-E1 bezeichnet. Das Drehmoment des Motors, der mit einem Turbolader ausgerüstet war, wurde mit Hilfe eines hydraulischen Wandlers, eines zweistufigen Wendegetriebes, Gelenkwellen und Achsgetrieben auf die beiden Achsen übertragen. Die ersten sechs »Kalugas«, wie die Eisenbahner die TGK 2-E1 nannten, wurden 1977 in der DDR in Dienst gestellt. Erst 1989 wurden die letzten der insgesamt 184 Exemplare beschafft. Heute sind nur noch wenige »Kalugas« vorhanden. Die meisten dienen als Schaustücke in Eisenbahnmuseen.

Achsfolge	B
Höchstgeschwindigkeit	30 km/h
Länge über Puffer	8.360 mm
Gesamtachsstand	3.200 mm
Raddurchmesser	900 mm
Dieselmotor	Y 1 D6-250 TK
Motorleistung	250 PS
Motordrehzahl (Volllast)	1.500 U/min
Masse (trocken)	1,55 t
Leistungsübertragung	hydr.
Dienstmasse	24 t
mittlere Achsfahrmasse	12 t

Abbildung: Archiv transpress

Baureihe E 211

Im Gegensatz zur DR setzten die Staatsbahnen in den meisten anderen sozialistischen Ländern in den 1950er-Jahren auf die Elektrifizierung mit Wechselstrom mit 50 Hz. Der LEW Hennigsdorf versprach sich von dieser Entwicklung Exportchancen und konstruierte eine Gleichrichterlok der Bauart Bo´Bo´ für 50 Hz. Dabei konnte auf die Erfahrungen mit der Baureihe E 251 zurückgegriffen werden. Im Hinblick auf verschiedene Einsatzbereiche wurde die als E 211 001 bezeichnete Prototype für verschiedene Reibungslasten und Spurweiten ausgelegt. Außerdem war der Einbau verschiedener Kupplungssysteme und Getriebeübersetzungen möglich. Die 1966 gebaute Maschine präsentierte der LEW Hennigsdorf auf der Leipziger Frühjahrsmesse 1967. Allerdings war die Maschine kein kommerzieller Erfolg. Die E 211 001 absolvierte lediglich einige Probefahrten auf der Versuchsstrecke Hennigsdorf–Wustermark und auf der Steilstrecke Blankenburg (Harz)–Königshütte (Sommer 1970). Im Sommer 1971 wurde bei der Lok das neue Thyristor-Hochspannungsschaltwerk für die spätere Baureihe 250 getestet. Letztmalig wurde die Maschine im Sommer 1973 eingesetzt. Anschließend stand sie bis zu ihrer Verschrottung 1982 in Hennigsdorf.

Baureihe	E 211
Baureihen-Nr. ab 1970	-
Baureihen-Nr. ab 1992	-
Achsfolge	Bo´Bo´
Höchstgeschwindigkeit	80 km/h[1]
Länge über Puffer	16.106 mm
Gesamtachsstand	10.500 mm
Raddurchmesser	1.250 mm
Radstand im Drehgestell	3.000 mm
Drehzapfenabstand	7.500 mm
Anfahrzugkraft	29,3 Mp
Nennleistung	3.360 kW
Bauart des Antriebes	Tatzlager
Fahrmotor-Typ	GBMw 840/880
Anzahl der Fahrmotoren	4
Dienstmasse	82 t
mittlere Achsfahrmasse	20,5 t
Anmerkung: 1 Konstruktiv war die Lok für 160 km/h ausgelegt.	

Foto: Klaus-Jürgen Kühne

Baureihe 211 (bis 1970: E 11; ab 1992: BR 109)

Mit der Aufnahme des elektrischen Zugbetriebes zwischen Halle (Saale) und Köthen am 1. September 1955 begann bei der DR die Ära der elektrischen Zugförderung. Dafür griff die DR in erster Linie auf die Vorkriegs-Typen E 04, E 44, E 77 und E 94 zurück. Mit dem schrittweisen Ausbau des elektrischen Streckennetzes bestand Bedarf an einer neuen Ellok für den Reisezugdienst. Deren Entwicklung übernahm der LEW Hennigsdorf. Bereits Anfang 1961 trafen im Raw Dessau die beiden Baumuster E 11 001 und E 11 002 ein. Die Maschinen erfüllten das von der DR geforderte Leistungsprogramm und wiesen keine gravierenden Mängel auf. Daher konnte bereits im Herbst 1962 die Serienlieferung der E 11 beginnen. Binnen eines Jahres stellte die DR 40 Maschinen in Dienst. Erst in den 1970er-Jahren folgte eine zweite Serie. 211 096 wurden als letzte 1976 abgenommen. Zwischen 1985 und 1991 baute das Raw Dessau 22 Maschinen zur Baureihe 242.3 um.

In den 1990er-Jahren hatte die ehemalige E 11 schließlich ausgedient. Die meisten Maschinen wurden 1993/94 ausgemustert. 1995 waren die letzten vier Exemplare in Halle (Saale) stationiert. Die letzte planmäßige Leistung erbrachte 109 089 am 23. Mai 1998.

Baureihe	E 11
Baureihen-Nr. ab 1970	211
Baureihen-Nr. ab 1992	109
Achsfolge	Bo´Bo´
Höchstgeschwindigkeit	120 km/h
Länge über Puffer	16.320 mm
Gesamtachsstand	11.300 mm
Raddurchmesser	1.350 mm
Radstand im Drehgestell	3.500 mm
Drehzapfenabstand	7.800 mm
Anfahrzugkraft	21,3 Mp
Dauerleistung	2.740 kW[1]
Stundenleistung	2.920 kW[2]
Bauart des Antriebes	Tatzlager
Fahrmotor-Typ	304[3]
Anzahl der Fahrmotoren	4
Dienstmasse	82,0 t
mittlere Achsfahrmasse	20,5 t

Anmerkungen:
1 E 11 001 bis E 11 007: 2.600 kW
2 E 11 001 bis E 11 007: 2.760 kW
3 E 11 001 bis E 11 007: Typ 303

Foto: Michael Klaus

Baureihe 212 (ab 1992: BR 112.0, 112.1, 114)

Ende der 1970er-Jahre genügten die vorhandenen Elloks nicht mehr den betrieblichen Belangen. Die DR beauftragte daher 1980 den LEW Hennigsdorf mit der Entwicklung einer Schnellzug- und einer Mehrzweckmaschine, die im Grundaufbau identisch sein sollten. Der zunächst erwogene Drehstromantrieb wurde jedoch zugunsten des bei der Baureihe 250 erfolgreich verwendeten Gummikegelringfederantriebs und moderner Steuerelektronik verworfen. Der LEW Hennigsdorf stellte auf der Leipziger Frühjahrsmesse 1982 die weiß mit roten Zierstreifen lackierte 212 001 der Öffentlichkeit vor. Nach mehreren Probefahrten wurde die Lok im Herbst 1983 im Raw Dessau zur 243 001 umgebaut. Die Serienlieferung der Baureihe 212 unterblieb zunächst. Erst nach der deutschen Wiedervereinigung bestand bei der DR Bedarf an einer schnellfahrenden Ellok. Vier Maschinen aus der noch laufenden Fertigung der Baureihe 243 wurden daher im Herbst 1990 für 160 km/h ertüchtigt und als Baureihe 212 in Dienst gestellt. Nach dem Abschluss der Versuchsfahrten gab die DR 35 weitere Maschinen in Auftrag. 1993/94 folgte dann die modifizierte Baureihe 112.1, von der 90 Exemplare gebaut wurden. Die von DB Regio übernommenen 112er tragen heute die Baureihen-Nr. 114.

Baureihen-Nr. ab 1970	**212**
Baureihen-Nr. ab 1992	**112/112.1/114**
Achsfolge	**Bo´Bo´**
Höchstgeschwindigkeit	**160 km/h[1]**
Länge über Puffer	**16.640 mm**
Gesamtachsstand	**11.800 mm**
Raddurchmesser	**1.250 mm**
Radstand im Drehgestell	**3.300 mm**
Drehzapfenabstand	**8.500 mm**
Anfahrzugkraft	**248 kN**
Dauerleistung	**4.000 kW[2]**
Stundenleistung	**4.220 kW[3]**
Bauart des Antriebes	**Gummikegelringfederantrieb**
Fahrmotor-Typ	**ECFB 1110-127**
Anzahl der Fahrmotoren	**4**
Dienstmasse	**82 t**
mittlere Achsfahrmasse	**20,5 t**

Anmerkungen:
1 212 001: 140 km/h; 2 212 001: 3.500 kW; 3 212 001: 3.720 kW

Foto: Klaus-Jürgen Kühne

Baureihe 230 (ab 1992: BR 180)

Bereits 1976 nahm die DR die elektrische Zugförderung auf der Strecke Dresden–Bad Schandau–Schöna auf. Aber erst zehn Jahre später wurde der Abschnitt zwischen Schöna und der deutsch-tschechischen Staatsgrenze elektrifiziert. Dabei einigten sich die DR und die ČSD auf die Verwendung der in der ČSSR üblichen Gleichspannung von 3 kV. Damit das Umspannen der Züge entfallen konnte, beschlossen beide Bahnverwaltungen die Beschaffung einer gemeinsamen Zweisystemlok. Deren Entwicklung übernahmen die Škoda-Werke in Pilsen. Bereits am 25. Februar 1988 stellte die DR im Bw Dresden das Baumuster 230 001 in Dienst. Die Probefahrten ergaben keine gravierenden Mängel, so dass Ende 1990 die Serienfertigung beginnen konnte. Zwischen Februar und April 1991 wurden weitere 19 Maschinen der Baureihe 230 in Dienst gestellt. Die von den Personalen als »Knödelpresse« bezeichneten Maschinen wurden zunächst auf der Relation Berlin/Leipzig–Dresden–Prag eingesetzt. Ab Mai 1992 übernahmen die Loks auch Leistungen zwischen Berlin und Rzepin. Inzwischen hat die DB AG die Baureihe 180 ausgemustert.

Baureihen-Nr. ab 1970	**230**
Baureihen-Nr. ab 1992	**180**
Achsfolge	**Bo´Bo´**
Höchstgeschwindigkeit	**120 km/h**
Länge über Puffer	**16.800 mm**
Gesamtachsstand	**11.500 mm**
Raddurchmesser	**1.250 mm**
Radstand im Drehgestell	**3.200 mm**
Drehzapfenabstand	**8.300 mm**
Anfahrzugkraft	**245 kN**
Dauerleistung	**3.080 kW**
Stundenleistung	**3.260 kW**
Anzahl der Fahrmotoren	**4**
Dienstmasse	**84 t**
mittlere Achsfahrmasse	**21 t**

Foto: Slg. Uwe Oswald

Baureihe 242 (bis 1970: E 42; ab 1992: BR 142)

Ende der 1950er-Jahre benötigte die DR neben einer neuen Ellok für den Reisezugdienst noch eine universell einsetzbare Maschine. Im Hinblick auf eine kostengünstige Beschaffung und Unterhaltung sollte diese in möglichst vielen Teilen mit der E 11 übereinstimmen. Auf der Grundlage der E 11 entwickelte der LEW Hennigsdorf die gewünschte Baureihe E 42, deren beide Baumuster Anfang 1963 an die DR übergeben wurden. Aufgrund der geänderten Radsatzgetriebe war die E 42 nur für eine Höchstgeschwindigkeit von 100 km/h zugelassen. Da die E 42 eine ausgereifte Konstruktion war, konnte umgehend mit der Serienlieferung begonnen werden. Bis zum Sommer 1969 stellte die DR insgesamt 173 Maschinen in Dienst. Erst mit der Indienststellung der 242 292 endete 1976 die Beschaffung der ehemaligen E 42. Zwischen 1985 und 1991 wurde der Bestand durch den Umbau von 22 Maschinen der Baureihe 211 aufgestockt (Baureihe 242.3). 1992 waren noch 305 der als »Holzroller« bezeichneten Maschinen vorhanden. Doch wenig später begann deren Ausmusterung. Im Mai 1998 endete der Planeinsatz der nunmehrigen Baureihe 142. Insgesamt 30 Maschinen wurden noch als Reserve vorgehalten. Die letzten elf Exemplare musterte die DB AG am 31. Juli 1998 aus.

Baureihe	E 42
Baureihen-Nr. ab 1970	242
Baureihen-Nr. ab 1992	142
Achsfolge	Bo´Bo´
Höchstgeschwindigkeit	100 km/h
Länge über Puffer	16.320 mm
Gesamtachsstand	11.300 mm
Raddurchmesser	1.350 mm
Radstand im Drehgestell	3.500 mm
Drehzapfenabstand	7.800 mm
Anfahrzugkraft	25,0 Mp
Dauerleistung	2.740 kW[1]
Stundenleistung	2.920 kW[2]
Bauart des Antriebes	Tatzlager
Fahrmotor-Typ	Typ 304[3]
Anzahl der Fahrmotoren	4
Dienstmasse	82,0 t
mittlere Achsfahrmasse	20,5 t

Anmerkungen:
1 E 42 001, E 42 002: 2.600 kW
2 E 42 001, E 42 002: 2.760 kW
3 E 42 001, E 42 002: Typ 303

Foto: Friedhelm Köhler

Baureihe 243 (ab 1992: BR 143)

Mit der ab 1981 forciert betriebenen Streckenelektrifizierung in der DDR benötigte die DR dringend neue Elloks. Im Hinblick auf einen rationellen Betriebsablauf favorisierte die DR eine 120 km/h schnelle Mehrzweck-Maschine, die im Personen- und Güterverkehr eingesetzt werden konnte. Die gewünschte Maschine stand ab Herbst 1983 zur Verfügung. Das Raw Dessau hatte die 212 001 durch den Einbau neuer Drehgestelle mit einer geänderten Getriebeübersetzung entsprechend umgebaut. Die anschließenden Probefahrten verliefen zur vollsten Zufriedenheit der DR, so dass 1984 die Serienlieferung beginnen konnte. 243 002 wurde bereits am 25. Oktober 1984 im Bw Erfurt in Dienst gestellt.

Zunächst beschaffte die DR pro Jahr 55 Maschinen, ab 1987 waren es dann 75. Für den Einsatz im schweren Güterzugdienst wurden die 168 Loks der 5. Serie mit einer Vielfachsteuerung (Baureihe 243.8–9) ausgerüstet. Die folgenden 109 Maschinen entsprachen wieder der alten Ausführung. Bis zum Dezember 1990 stellte die DR insgesamt 636 Exemplare der Baureihe 143 in Dienst. Bis heute werden einzelne Maschinen noch im Personen- und Güterverkehr eingesetzt.

Baureihen-Nr. ab 1970	**243**
Baureihen-Nr. ab 1992	**143**
Achsfolge	**Bo´Bo´**
Höchstgeschwindigkeit	**120 km/h**
Länge über Puffer	**16.640 mm**
Gesamtachsstand	**11.800 mm**
Raddurchmesser	**1.250 mm**
Radstand im Drehgestell	**3.300 mm**
Drehzapfenabstand	**8.500 mm**
Anfahrzugkraft	**240 kN**
Dauerleistung	**3.540 kW**
Stundenleistung	**3.720 kW**
Bauart des Antriebes	**Gummikegelringfederantrieb**
Fahrmotor-Typ	**ECFB 1110-127**
Anzahl der Fahrmotoren	**4**
Dienstmasse	**82 t**
mittlere Achsfahrmasse	**20,5 t**

Foto: Michael Klaus

Baureihe 250 (ab 1992: BR 155)

Bereits 1968 erörterte die DR die Beschaffung einer sechsachsigen Ellok für den schweren Güterzugdienst. Die Maschine sollte in der Ebene einen 3.000 t schweren Zug mit 95 km/h befördern. Die DR forderte eine Höchstgeschwindigkeit von 120 km/h, damit die Lok auch Schnellzüge im sächsischen und thüringischen Hügelland bespannen konnte. Die Entwicklung der Baureihe 250 übernahm der LEW Hennigsdorf, der 1974 die drei Baumuster lieferte. Neu an den Maschinen war der Gummikegelringfederantrieb. Bei den Probefahrten bestach die Baureihe 250 durch ihre hohe Leistung und Zugkraft. Für die Serienlieferung waren nur geringfügige Änderungen notwendig. Die ab 1977 gebauten Maschinen unterschieden sich von den Baumustern durch eine geänderte Frontpartie. Die Stirnfenster waren kleiner und das A-Spitzenlicht saß nun unter den Fenstern. Im Januar 1977 stellte die DR ihre ersten Serienloks in Dienst. Bis zum Herbst 1987 beschaffte die DR insgesamt 270 Maschinen, die nun das Rückgrat im schweren Güterzugdienst bildeten. Auch die DB AG konnte lange Zeit nicht auf die als »Container« bezeichneten Maschinen verzichten. Erst am 17. Dezember 2019 endete der planmäßige Einsatz bei der DB AG.

Baureihen-Nr. ab 1970	**250**
Baureihen-Nr. ab 1992	**155**
Achsfolge	**Co´Co´**
Höchstgeschwindigkeit	**125 km/h[1]**
Länge über Puffer	**19.600 mm**
Gesamtachsstand	**14.500 mm**
Raddurchmesser	**1.250 mm**
Radstand im Drehgestell	**4.500 mm**
Drehzapfenabstand	**11.200 mm**
Anfahrzugkraft	**380 kN**
Dauerleistung	**5.100 kW**
Stundenleistung	**5.400 kW**
Bauart des Antriebes	**Gummikegelringfederantrieb**
Fahrmotor-Typ	**Typ 311**
Anzahl der Fahrmotoren	**6**
Dienstmasse	**123 t**
mittlere Achsfahrmasse	**20,5 t**
Anmerkung: 1 250 002: 160 km/h	

Foto: Thomas Rieger, Archiv Dirk Endisch

Baureihe 251 (bis 1970: E 251; ab 1992: BR 171)

Die 23,2 km lange Rübelandbahn Blankenburg (Harz)–Königshütte nahm bei der DR eine Sonderstellung ein. Die Gebirgsbahn wies Steigungen von bis zu 61 Promille auf und war damit ein der steilsten Strecken in Deutschland, die zudem einen enormen Güterverkehr aufwies. Vor allem die Transporte der Kalkwerke in Rübeland und Elbingerode zwangen die DR dazu, die Strecke Anfang der 1960er-Jahre zu elektrifizieren. Da die Rübelandbahn ein Inselbetrieb bleiben sollte, entschied sich die DR 1960 für Einphasen-Wechselstrom mit 25 kV bei 50 Hz. Die Entwicklung der dafür notwendigen Elloks übernahm der LEW Hennigsdorf. Die DR bestellte insgesamt 15 Maschinen der Baureihe E 251, deren Lieferung sich jedoch aufgrund fehlender Baugruppen erheblich verzögerte. Erst 1965 konnte die DR die Maschinen in Dienst stellen. Seit dem 1. Dezember 1965 wickelte die Baureihe E 251 den Güter- und seit dem 1. August 1966 auch den Reiseverkehr ab. Über Jahrzehnte hinweg waren die Maschinen unverzichtbar. Erst im Dezember 2004 hatten die Elloks ausgedient. Die als technische Denkmale ausgewiesenen 251 001 und 251 002 werden in Lutherstadt Wittenberg und Blankenburg (Harz) als Schaustücke betreut. 251 012 bereichert die Sammlung der Thüringer Eisenbahnfreunde in Weimar.

Baureihe	E 251
Baureihen-Nr. ab 1970	251
Baureihen-Nr. ab 1992	171
Achsfolge	Co´Co´
Höchstgeschwindigkeit	80 km/h
Länge über Puffer	18.640 mm
Gesamtachsstand	13.200 mm
Raddurchmesser	1.350 mm
Radstand im Drehgestell	4.450 mm
Drehzapfenabstand	9.800 mm
Anfahrzugkraft	428 kN
Dauerleistung	3.300 kW
Stundenleistung	3.660 kW
Bauart des Antriebes	Tatzlagerantrieb
Fahrmotor-Typ	GBMw 1012/90
Anzahl der Fahrmotoren	6
Dienstmasse	123 t
mittlere Achsfahrmasse	20,5 t

Foto: Michael Klaus

Baureihe 252 (ab 1992: BR 156)

Aufgrund der guten Erfahrungen mit der Baureihe 250 plante die DR in der zweiten Hälfte der 1980er-Jahre die Beschaffung einer neuen sechsachsigen Ellok. Diese sollte in Varianten mit Höchstgeschwindigkeiten von 80, 125 und 160 km/h gebaut werden. Den Bedarf schätzte die DR auf 350 Exemplare. Auf der Grundlage der Baureihen 212/243 (elektrischer Teil) und 250 (mechanischer Teil) entwickelte der LEW Hennigsdorf schließlich die Baureihe 252. Mit der Wende 1989 boten sich für die Ingenieure des LEW völlig neue technische Möglichkeiten, die zum Bau von vier Prototypen führten. Doch als diese 1991 in Dienst gestellt wurden, bestand kein Bedarf mehr an der Baureihe 252. Mit dem Zusammenbruch des Güterverkehrs hatte die DR die bereits bestellte erste Serie storniert. Damit blieben die Maschinen Einzelgänger, die von Dresen aus eingesetzt wurden. 2002 trennte sich die DB AG von den erst wenige Jahre alten Maschinen. Bis 2022 setzte das DB-Tochterunternehmen »Mitteldeutsche Eisenbahn-Gesellschaft« (MEG) die ehemalige Baureihe 252 im Güterzugdienst ein. Die MEG verkaufte alle vier Maschinen an die Erfurter Bahnservice GmbH.

Baureihen-Nr. ab 1970	252
Baureihen-Nr. ab 1992	156
Achsfolge	Co´Co´
Höchstgeschwindigkeit	120 km/h
Länge über Puffer	19.500 mm
Gesamtachsstand	14.660 mm
Raddurchmesser	1.250 mm
Radstand im Drehgestell	4.500 mm
Drehzapfenabstand	11.290 mm
Anfahrzugkraft	338 kN
Dauerleistung	5.580 kW
Stundenleistung	5.880 kW
Bauart des Antriebes	Gummikegelringfederantrieb
Fahrmotor-Typ	ECFB 1110-127 k
Anzahl der Fahrmotoren	6
Dienstmasse	120 t
mittlere Achsfahrmasse	20 t

Foto: Friedhelm Köhler

Baureihe LVT 2.09

(ab 1970: BR 171/172 1992; ab 1992: 771/772)

Der DR waren nach dem zweiten Weltkrieg nur etwa 100 Verbrennungstriebwagen verblieben. Mit der Übernahme der ehemaligen Klein- und Privatbahnen kamen rund 100 weitere Triebwagen hinzu. Ein Großteil der Fahrzeuge war aufgrund von Kriegsschäden und fehlender Ersatzteile nicht betriebsfähig. Außerdem erschwerte die große Typenvielfalt die Instandhaltung. Die DR benötigte jedoch dringend Triebwagen, um die Zugförderung auf den Nebenbahnen rationalisieren zu können. Bereits Anfang der 1950er-Jahre meldete die DR Bedarf an modernen Leichtverbrennungstriebwagen (LVT) an. Im Sommer 1955 erhielt der VEB Waggonbau Bautzen den Auftrag, einen zweiachsigen Dieseltriebwagen zu entwickeln. Das Baumuster verließ Ende 1957 die Werkhallen. Nach einigen Standversuchen und Probefahrten erfolgte ab dem Frühjahr 1959 die Betriebserprobung des LVT 2.09.001 im Bw Haldensleben. Dort wurde auch der LVT 2.09.002 erprobt. Aufgrund der Erfahrungen mit den beiden Prototypen wurde die Konstruktion überarbeitet, u.a. wurde die Stahl-Aluminium-Bauweise durch einen Stahlleichtbau ersetzt. Die Nullserie (LVT 2.09.003 bis LVT 2.09.007) lieferte der Waggonbau Bautzen 1962/63 aus. Die Serienproduktion begann im Herbst 1963. Bis Januar 1965 stellte die DR 63 Trieb- und Beiwagen in Dienst. Aufgrund ihrer roten Lackierung erhielten die Fahrzeuge die Beinamen »Ferkeltaxe« oder »Blutblase«.

Foto: Slg. Uwe Oswald

Mit Hilfe der Baureihe LVT 2.09 konnte die DR die Betriebskosten deutlich verringern. Allerdings zeigte sich recht schnell, dass der Einsatz von Trieb- und Beiwagen nicht sinnvoll war, da in den Endbahnhöfen umgesetzt werden musste. Daraufhin gab die DR die Entwicklung eines LVT mit Steuerwagen in Auftrag. Die beiden Baumuster der Baureihe LVT 2.09.1 standen im Sommer 1964 zur Verfügung. Die Serienfertigung begann im Herbst 1965 und endete mit der Indienststellung des LVT 2.09.116 im Januar 1966. Anfang 1969 folgte schließlich eine weitere Serie des LVT, die jedoch vom VEB Waggonbau Görlitz gebaut wurde. Die als Baureihe LVT 2.09.2 bezeichneten Fahrzeuge besaßen einen verstärkten Rahmen und einen modifizierten Motor. Bis 1973 beschaffte die DR von dieser Serie 72 Trieb- und Steuerwagen. Die »Ferkeltaxen« prägten nun über Jahrzehnte hinweg das Bild auf zahlreichen Nebenbahnen in der DDR. Die DR ließ in den 1990er-Jahren die meisten ihrer LVT mit neuen Motoren und Getrieben ausrüsten. Der Aufwand lohnte sich jedoch nicht mehr. Bis 2004 musterte die DB AG die »Ferkeltaxen« aus. Viele wurden nach Kuba und Rumänien verkauft. Einige wenige blieben als Museumsfahrzeuge in Deutschland.

Baureihe	LVT 2.09	LVT 2.09.1	LVT 2.09.2
Baureihen-Nr. ab 1970	171	172.0	172.1
Baureihen-Nr. ab 1992	771	772.0	772.1
Achsfolge	1 A	1 A	1 A
Höchstgeschwindigkeit	90[1] km/h	90 km/h	90 km/h
Länge über Kupplung	13.550 mm	13.550 mm	13.550 mm
Gesamtachsstand	6.000 mm	6.000 mm	6.000 mm
Raddurchmesser	900 mm	900 mm	900 mm
Sitzplätze (2. Klasse)	54	54	54
Stehplätze	46	46	46
Dieselmotor	6 KVD 18 S/HRW	6 KVD 18 S/HRW	6 VD 18/15-1 HRW
Motorleistung	180 PS	180 PS	180 PS
Motordrehzahl (Volllast)	1.500 U/min	1.500 U/min	1.500 U/min
Masse (trocken)	1,75 t	1,75 t	2,0 t
Leistungsübertragung	mech.	mech.	mech.
Leermasse	22,02 t	22,0 t	22,0 t
Dienstmasse	29,5 t	29,5 t	29,5 t
Achsfahrmasse	15,0 t	15,1 t	15,1 t
Dieselkraftstoff	300 l	300 l	300 l

Anmerkungen:
1 171 003 bis 171 007: 100 km/h; 2 171 003 bis 171 007: 19,3 t

Foto: Slg. Klaus-Jürgen Kühne

Baureihe VT 4.12 (ab 1970: BR 173)

Anfang der 1960er-Jahre benötigte die DR einen modernen Leichttriebwagen, der die aus den 1930er-Jahren stammenden vierachsigen Einheitstriebwagen ersetzen sollte. Die Konstruktionsarbeiten dazu begannen 1962 im VEB Waggonbau Bautzen. Für das als »Typ B« bezeichnete Fahrzeug, das 1964 auf der Leipziger Frühjahrsmesse zu sehen war, wurden möglichst viele Baugruppen des LVT verwendet. 1965 folgte eine zweite Variante, der »Typ AB«, der sich durch andere Motoren, ein 1. Klasse-Abteil und eine völlig andere Frontgestaltung vom Typ »B« unterschied. Die DR stellte die beiden Baumuster als VT 4.12.01 (Typ B) und VT 4.12.02 (Typ AB) in Dienst. Bei den Probefahrten offenbarten beide Fahrzeuge erhebliche Mängel. Diese wurden jedoch nicht beseitigt, da die DR keine weiteren Fahrzeuge beschaffte. Nach Abschluss der Versuchsfahrten waren die Triebwagen im Bw Cottbus stationiert. Bereits Anfang der 1970er-Jahre wurde 173 001 abgestellt. 173 002 schied 1976 aus dem Betriebspark aus. Als Aufenthaltswagen blieben beide bis heute erhalten und warten auf eine museumsgerechte Aufarbeitung.

Baureihe	VT 4.12.01	VT 4.12.02
Baureihen-Nr. ab 1970	173 001	173 002
Achsfolge	(1 A)(A 1)	(1 A)(A 1)
Höchstgeschwindigkeit	120 km/h	125 km/h
Länge über Kupplung	24.500 mm	24.700 mm
Gesamtachsstand	19.700 mm	19.700 mm
Raddurchmesser	950 mm	950 mm
Radstand im Drehgestell	2.500 mm	2.500 mm
Drehzapfenabstand	17.200 mm	17.200 mm
Sitzplätze (2. Klasse)	84	56[1]
Dieselmotor	6 KVD 18 S/HRW	6 KVD 18/1 S/HRW
Motorleistung	200 PS	220 PS
Motordrehzahl (Volllast)	1.500 U/min	1.500 U/min
Masse (trocken)	1,75 t	?
Leistungsübertragung	mech.	mech.
Dienstmasse	43,5 t	46,0 t
größte Achsfahrmasse	14,5 t	14,6 t
Dieselkraftstoff	2 x 400 l	2 x 400 l

Anmerkung:
1 zusätzlich 9 Sitzplätze in der 1. Klasse

Foto: Archiv transpress

Baureihe VT 12.14 (ab 1970: BR 181)

Der DR fehlten Anfang der 1950er-Jahre für den internationalen Reiseverkehr geeignete Triebwagen. Da die DDR-Schienenfahrzeug-Industrie kurzfristig keine Fahrzeuge liefern konnte, erwarb die DR 1954 von der in Budapest ansässigen Firma Ganz vier vierteilige Triebwagen, die als Baureihe VT 12.14 in Dienst gestellt wurden. Jede Einheit bestand aus zwei Trieb- und zwei Mittelwagen. Ungewöhnlich an den Triebwagen war die mechanische Kraftübertragung. Die DR setzte die Baureihe VT 12.14 zunächst zur Erprobung im Binnenverkehr ein. Ab dem Sommer 1956 übernahmen die im Bw Berlin-Karlshorst stationierten Triebwagen den internationalen Schnellzugdienst auf den Relationen Berlin–Hamburg, Berlin–Prag und Berlin–Warschau–Brest. Die Fahrzeuge galten zwar als robust, doch ihre Laufeigenschaften überzeugten nicht. Bereits 1961 zog die DR die Baureihe VT 12.14 wieder aus dem internationalen Verkehr ab. Fortan wurden sie nur noch Binnenverkehr eingesetzt, u.a. nach Leipzig und Stendal. Ende der 1960er-Jahre hatten die Fahrzeuge ausgedient. Nach teilweise jahrelanger Abstellzeit wurden die beiden letzten Triebwagen 1975 ausgemustert.

Baureihe	VT 12.14
Baureihen-Nr. ab 1970	181
Achsfolge	(1 B) 2´+2´2´+ 2´2´+2´(B 1)
Höchstgeschwindigkeit	125 km/h
Länge über Kupplung	96.030 mm
Gesamtachsstand	90.350 mm
Raddurchmesser	930 mm
Triebdrehgestellradsatzstand	4.100 mm
Laufdrehgestellradsatzstand	2.950 mm
Sitzplätze (1. Klasse)	54
Sitzplätze (2. Klasse)	112
Sitzplätze Speiseraum	32
Dieselmotor	Ganz XII Jv 170/240
Motorleistung	450 PS
Motordrehzahl (Volllast)	1.150 U/min
Leistungsübertragung	mech.
Dienstmasse	194,5 t
Achsfahrmasse	18,0 t

Foto: Slg. Klaus-Jürgen Kühne

Baureihe VT 18.16 (ab 1970: BR 175; ab 1992: BR 675)

Anfang der 1960er-Jahre genügten die im internationalen Schnellverkehr eingesetzten Triebwagen aus der Vorkriegszeit nicht mehr den betrieblichen Belangen. Die DR beauftragte daher den VEB Waggonbau Görlitz mit der Entwicklung eines vierteiligen Schnelltriebwagens, dessen Maschinenanlage im Wesentlichen aus Baugruppen der V 180 bestehen sollte. Bereits 1963 konnte die erste Einheit des VT 18.16 auf der Leipziger Frühjahrsmesse vorgestellt werden. Nach gründlichen Probefahrten begann im Frühjahr 1965 die Serienlieferung. Im Gegensatz zu den beiden Baumustern waren die Triebköpfe nun mit den 1.000 PS starken Motoren des Typs 12 KVD A-II ausgerüstet. 1968 nahm die DR die letzten Fahrzeuge ab. Bei Bedarf konnte der VT 18.16 als fünf- oder sechsteilige Einheit verkehren. Zunächst setzte die DR den VT 18.16 ab dem Sommer 1964 auf der Relation Berlin–Kopenhagen ein. Später folgten noch die Strecken Berlin–Prag–Wien, Berlin–Malmö, Berlin–Budapest und Berlin–Karlsbad. 1981 endete der internationale Verkehr für den VT 18.16. Bis Herbst 1985 folgten noch Einsätze zwischen Berlin und Bautzen sowie zur Leipziger Messe. Als Museumsfahrzeug der DB AG blieb lediglich eine sechsteilige Einheit erhalten.

Baureihe	VT 18.16
Baureihen Nr. ab 1970	175
Baureihen-Nr. ab 1992	675
Achsfolge	B´2´+2´2´+2´2´+2´B2´
Höchstgeschwindigkeit	160 km/h
Länge über Kupplung	98.140 mm
Gesamtachsstand	90.940 mm
Raddurchmesser	950 mm
Triebdrehgestellradsatzstand	4.000 mm
Laufdrehgestellradsatzstand	2.500 mm
Sitzplätze (1. Klasse)	36
Sitzplätze (2. Klasse)	104
Sitzplätze Speiseraum	23
Dieselmotor	2 x 12 KVD AL-2
Motorleistung	1.000 PS
Motordrehzahl (Volllast)	1.500 U/min
Masse (trocken)	4,3 t
Leistungsübertragung	hydr.
Dienstmasse	214,4 t
Achsfahrmasse	19,8 t
Dieselkraftstoff	2 x 4.000 l

Foto: Archiv transpress

Baureihe ORT 135.7

(ab 1970: BR 188.0; ab 1992: BR 708.0)

Mit der Wiederaufnahme der elektrischen Zugförderung benötigte die DR für die Instandhaltung der Oberleitungen und die Reparatur von Schäden so genannte Oberleitungsrevisionstriebwagen (ORT). Der VEB Waggonbau Dessau hatte bereits Mitte der 1950er-Jahre solche Fahrzeuge für die Polnischen Staatsbahnen (PKP) entwickelt, die vom VEB Waggonbau Görlitz gebaut wurden. Auf der Grundlage dieser Fahrzeuge entstand der zweiachsige ORT der DR, von dem 1956 zwei gebaut wurden. Drei weitere folgten 1958. Zunächst erhielten die Fahrzeuge keine Betriebs-Nr. Es wurden nur die Heimat-Direktion und eine Wagen-Nr. angeschrieben. Erst später wurden sie zur Baureihe ORT 135.7 umgezeichnet. Die Nr. 135 704 blieb dabei unbesetzt. Die zuletzt in Güsten, Seddin und Leipzig Süd beheimateten ORT hatten erst in den 1990er-Jahren ausgedient.

Baureihe	ORT 135.7
Baureihen-Nr. ab 1970	188.0
Baureihen-Nr. ab 1992	708.0
Achsfolge	1 A
Höchstgeschwindigkeit	70 km/h
Arbeitsgeschwindigkeit	7 km/h
Länge über Puffer	13.100 mm
Gesamtachsstand	7.000 mm
Raddurchmesser	940 mm
Dieselmotor	6 KVD 14,5 SRW
Motorleistung	150[1] PS
Motordrehzahl (Volllast)	2.000 U/min[2]
Leistungsübertragung	mech.
Leermasse	24 t
Dienstmasse	26 t
Anmerkungen: 1 188 001 und 188 002: 135 PS 2 188 001 und 188 002: 1.800 U/min	

Foto: Archiv transpress

Baureihe ORT 137.7

(ab 1970: BR 188.2; ab 1992: BR 708.2)

In der zweiten Hälfte der 1960er-Jahre baute die DR schrittweise ihr elektrisches Streckennetz aus. Die vorhandenen fünf zweiachsigen Oberleitungsrevisionstriebwagen (ORT) reichten nun für die Instandhaltung und Reparatur der Fahrleitungen nicht mehr aus. Ein Nachbau der Baureihe ORT 135.7 schied aber aus, da die zuständigen Fahrleitungsmeistereien und Bahnstromwerke einen vierachsigen ORT benötigten. Dessen Entwicklung übernahm der VEB Waggonbau Görlitz, der Ende 1968 das erste Exemplar der Baureihe ORT 137.7 auslieferte. Die DR beschaffte insgesamt sechs Fahrzeuge, die ab 1970 die Betriebs-Nr. 188 200 bis 188 205 trugen. Einige Fahrzeuge wurden auch exportiert, u.a. nach Polen. Mehr als 20 Jahre waren die ORT im Einsatz, die zuletzt in Chemnitz, Cottbus, Eisenach, Leipzig Süd, Riesa und Rostock unterhalten wurden.

Baureihe	ORT 137.7
Baureihen-Nr. ab 1970	188.2
Baureihen-Nr. ab 1992	708.2
Achsfolge	(1A)'2'
Höchstgeschwindigkeit	80 km/h
Arbeitsgeschwindigkeit	7,5 km/h
Länge über Puffer	19.300 mm
Gesamtachsstand	15.200 mm
Raddurchmesser	950 mm
Radstand im Drehgestell	2.700 mm
Drehzapfenabstand	12.500 mm
Motorleistung	180 PS
Motordrehzahl (Volllast)	1.500 U/min
Leistungsübertragung	mech.
Dienstmasse	43,0 t

Foto: Friedhelm Köhler

Baureihe 188.3 (ab 1992: BR 708.3)

Ab 1981 trieb die DR mit Hochdruck den Ausbau ihres elektrischen Streckennetzes voran. Bereits Ende 1985 waren rund 2.230 km elektrifiziert. Bis 1990 sollte das elektrische Streckennetz mehr als 3.700 km umfassen. Damit nahm auch der Bedarf an Oberleitungsrevisionstriebwagen (ORT) deutlich zu. Für die Entwicklung des gewünschten Fahrzeugs war der VEB Waggonbau Görlitz verantwortlich, der 1987 die beiden Prototypen der Baureihe 188.3 an die DR übergab. Im Gegensatz zu den bisher beschafften ORT war die Baureihe 188.3 orange lackiert. Außerdem waren die Fahrzeuge von Beginn an mit einer Zugfunkeinrichung und einer Indusi ausgerüstet. Nach Abschluss der umfangreichen Betriebserprobung begann die Serienlieferung des neuen ORT. Im November 1991 stellte die DR die letzten der insgesamt 36 Fahrzeuge in Dienst, die ab 1992 als Baureihe 708.3 bezeichnet wurden. Heute gehörten nur noch wenige dieser ORT zum Bestand der DB AG.

Baureihen-Nr.	188.3
Baureihen-Nr. ab 1992	708.3
Achsfolge	(1A)´2´
Höchstgeschwindigkeit	100 km/h
Arbeitsgeschwindigkeit	5 km/h
Länge über Puffer	22.400 mm
Gesamtachsstand	18.300 mm
Raddurchmesser	920 mm
Radstand im Drehgestell	2.500 mm
Drehzapfenabstand	15.800 mm
Dieselmotor	6 VD 18/15 AL-2
Motorleistung	330 kW
Motordrehzahl (Volllast)	1.500 U/min
Leistungsübertragung	hydr.
Dienstmasse	58 t
Dieselkraftstoff	800 l

Foto: Michael Klaus

Baureihe 279.0 (bis 1970: ET 188.5; ab 1992: 479.6)

Die DR übernahm 1949 die Buckower Kleinbahn, die die rund 5 km lange Strecke Müncheberg (Mark)–Buckow (Märkische Schweiz) betrieb. Seit der Inbetriebnahme der regelspurigen Strecke am 15. Mai 1930 wurden hier elektrische Triebwagen (800 Volt Gleichstrom) eingesetzt. Die Buckower Kleinbahn hatte dazu von der Hannoverschen Waggonfabrik drei zweiachsige Triebwagen beschafft. Ende der 1970er-Jahre hatten die Strecke und die Fahrzeuge ihre Nutzungsgrenze erreicht. Die DR entschied sich daher für eine gründliche Modernisierung, die von 1980 bis 1982 dauerte. In diesem Zusammenhang wurde die Energieversorgung auf 600 Volt Gleichstrom umgestellt und alle drei Triebwagen im Raw Schöneweide neu aufgebaut. Die Triebwagen waren bis zur Einstellung des Personenverkehrs am 20. Juni 1999 im Einsatz. Seit dem Jahr 2002 gibt auf der Strecke einen Museumsbetrieb.

Baureihen-Nr.	ET 188.5
Baureihen-Nr. ab 1970	279.0
Baureihen-Nr. ab 1992	479.6
Achsfolge	Bo
Höchstgeschwindigkeit	50 km/h
Länge über Puffer	14.300 mm
Gesamtachsstand	8.500 mm
Raddurchmesser	900 mm
Sitzplätze (2. Klasse)	32
Stundenleistung	120 kW
Dienstmasse	22,7 t

Foto: Ralf Kutschke

Baureihe 279.2 (bis 1970: ET 188.5; ab 1992: 479.2)

Betriebs-Nr.	ET 188 531	ET 188 701	-
Betriebs-Nr. ab 1970	279 201	279 903	279 905
Betriebs-Nr. ab 1992	479 201	479 903	479 905
Achsfolge	Bo	Bo	Bo
Höchstgeschwindigkeit	40 km/h	40 km/h	40 km/h
Länge über Puffer	11.600 mm	11.360 mm	11.360 mm
Gesamtachsstand	6.500 mm	5.000 mm	5.000 mm
Raddurchmesser	900 mm	800 mm	800 mm
Sitzplätze (2. Klasse)	24	20	20
Stundenleistung	68 kW	68 kW	120 kW
Dienstmasse	16,3 t	15,3 t	15,3 t
Achsfahrmasse	11,9 t	?	?

1949 übernahm die DR die Oberweißbacher Bergbahn mit ihrer 2,6 km langen Strecke Lichtenhain–Cursdorf. Die 1923 eröffnete Nebenbahn wurde mit 600 V Gleichstrom betrieben. Dafür stand lediglich der Triebwagen ET 188 531 zur Verfügung. 1955 übernahm die DR als Reserve von der Leipziger Straßenbahn den späteren ET 188 701, der 1963 im Raw Schöneweide neu aufgebaut wurde. Ab Mai 1968 wurde auch der ET 188 531 im Raw Schöneweide einer Verjüngungskur unterzogen. Bis auf wenige Kleinteile war der nunmehrigen 279 201 ein völliger Neubau. 1984 stockte die DR den Fahrzeugbestand der Oberweißbacher Bergbahn durch den 279 205 auf. Auch der war de facto ein Neubau. Als Spenderfahrzeug diente der ehemalige Steuerwagen 279 202. Alle drei Triebwagen gehören noch heute zum Bestand der Oberweißbacher Bergbahn, die von einem Tochterunternehmen der DB AG betrieben wird.

Foto: Archiv Dirk Endisch

Baureihe 280

Ende der 1960er-Jahre ging die DR dazu über, in einigen Städten S-Bahn-Verkehre aufzubauen. Dazu benötigte die DR jedoch leistungsfähige elektrische Triebwagen. Deren Entwicklung übernahm der LEW Hennigsdorf, der im Oktober 1973 den zweiteiligen Baumusterzug 280 001/002 an die DR übergab. Insgesamt beschaffte die DR bis 1974 zwei vierteilige Einheiten, die umfangreichen Messfahrten unterzogen wurden.

Ab dem Frühjahr 1975 wurde jeweils eine vierteilige Einheit bei den S-Bahnen in Leipzig (Strecke Leipzig Hbf–Wurzen) und Magdeburg (Strecke Zielitz–Schönebeck–Salzelmen) eingesetzt. Bei den Reisenden erfreuten sich die weinrot lackierten Triebwagen aufgrund ihres Fahrkomforts und ihrer Beschleunigung großer Beliebtheit. Die für 1977 geplante Serienproduktion der Baureihe 280 war jedoch nicht möglich, da die Fertigungskapazitäten des LEW Hennigsdorf ausgelastet waren und die DR dem Bau neuer Elloks den Vorzug gab. 1983 trennte sich die DR von den Triebwagen.

Baureihen-Nr.	280
Achsfolge	Bo´Bo´+ Bo´Bo´+ Bo´Bo´+ Bo´Bo´
Höchstgeschwindigkeit	120 km/h
Länge über Kupplung	97.000 mm
Gesamtachsstand	92.200 mm
Raddurchmesser	850 mm
Sitzplätze (2. Klasse)	332
Stehplätze	474
Radstand im Drehgestell	2.500 mm
Drehzapfenabstand	17.000 mm
Anfahrzugkraft	370 kN
Stundenleistung	3.360 kW
Dauerleistung	3.040 kW
Bauart des Antriebes	Tatzlager
Dienstmasse	192 t

Foto: Archiv transpress

Baureihe 285.0 (bis 1970: ET 25)

Zwischen 1935 und 1938 beschaffte die DRB für den Eil- und Schnellzugdienst auf elektrifizierten Hauptstrecken 38 zweiteilige Triebwagen der Baureihe ET 25. Lediglich 18 Triebwagen und 26 Steuerwagen überstanden den Zweiten Weltkrieg. In der SBZ verblieben lediglich der Triebwagen ET 25 012 und der Steuerwagen ES 25 008. Nach der Wiederaufnahme der elektrischen Zugförderung bei der DR wurde auch die Instandsetzung des ET 25 beschlossen. Diese erfolgte zwischen 1957 und 1959 im Raw Dessau unter der Federführung der VES-M Halle (Saale). Dabei wurde der ES 25 008 in einen Mittelwagen umgebaut.

So entstand aus dem zweiteiligen ET 25 012 und dem ehemaligen Steuerwagen ein dreiteiliger Triebzug, dessen Frontpartie eine völlige Neuentwicklung war. Nach seiner Endabnahme war der weinrot lackierte Triebzug ab 1960 bei Bw Leipzig West stationiert und kam auf den Strecken nach Erfurt, Magdeburg und Zwickau zum Einsatz. Im Dezember 1971 absolvierte der ET 25 seinen letzten Einsatz. Ab dem Sommer 1976 diente der Zug als Lager- und Abstellraum in Wurzen.

Baureihen-Nr.	ET 25
Baureihen-Nr. ab 1970	285
Achsfolge	Bo 2′+2′2′+2′Bo
Höchstgeschwindigkeit	120 km/h
Länge über Kupplung	65.000 mm
Raddurchmesser	950 mm
Sitzplätze (2. Klasse)	206
Triebdrehgestellradsatzstand	3.500 mm
Laufdrehgestellradsatzstand	3.000 mm
Drehzapfenabstand	13.900 mm
Anfahrzugkraft	80 kN
Stundenleistung	1.020 kW
Dauerleistung	920 kW
Bauart des Antriebes	Tatzlager
Dienstmasse	126,3 t
Achsfahrmasse	17,6 t

Foto: Slg. Günther Dietz (†)

Baureihe 285.2 (bis 1970: ET 25.2)

Um den Bedarf an elektrischen Triebfahrzeugen zu decken, beschloss die DR, aus vorhandenen Altfahrzeugen neue Triebwagen aufzubauen. Für den ET 25 201 wurden dazu ehemalige niederländische Gleichstromtriebwagen genutzt, die nach dem Zweiten Weltkrieg in der SBZ verblieben waren. Diese Aufgabe übernahmen das Raw Dessau und das Raw Schöneweide. Von den Spenderfahrzeugen konnten nur wenige Baugruppen verwendet werden. So war der ET 25 201 eigentlich ein Neubau, der erst nach einiger Verzögerung im Frühjahr 1965 fertig gestellt werden konnte. Die DR wies den vierteiligen Triebwagen dem Bw Leipzig West zu, das den ET 25 201 als Eil- und Schnellzug nach Köthen, Magdeburg und Zwickau einsetzte. Später kamen auch Leistungen nach Erfurt hinzu. Nach nicht einmal sechs Jahren wurde der ET 25 201 im März 1971 abgestellt. 1976 wurde der Triebwagen ausgemustert und als Aufenthalts- bzw. Schulungsraum in Halle (Saale) genutzt.

Baureihen-Nr.	**ET 25.2**
Baureihen-Nr. ab 1970	**285.2**
Achsfolge	**Bo 2′+2′2′+2′2′+2′Bo**
Höchstgeschwindigkeit	**120 km/h**
Länge über Kupplung	**94.830 mm**
Gesamtachsstand	**91.220 mm**
Raddurchmesser	**950 mm**
Sitzplätze (1. Klasse)	**22**
Sitzplätze (2. Klasse)	**225**
Radstand im Drehgestell	**3.000 mm**
Anfahrzugkraft	**80 kN**
Stundenleistung	**920 kW**
Dauerleistung	**840 kW**
Bauart des Antriebes	**Tatzlager**
Dienstmasse	**189,1 t**
Achsfahrmasse	**18 t**

Foto: Ralf Kutschke

Baureihe 270 (ab 1992: BR 485)

Mitte der 1970er-Jahre war die Beschaffung neuer elektrischer Triebwagen für die Berliner S-Bahn notwendig. Die Entwicklung der als Baureihe 270 bezeichneten Type übernahm der LEW Hennigsdorf. Die Baureihe 270 unterschied sich von den bisher beschafften S-Bahn-Triebwagen erheblich und war damit eine völlig neue Fahrzeug-Generation. Das Design und die Innengestaltung übernahm die Hochschule für industrielle Formgestaltung, die ein 1:1-Modell des Führerstandes und eines Fahrgastraumes anfertigte. Der Prototyp der Baureihe 270 wurde auf der Leipziger Frühjahrsmesse 1980 vorgestellt. Das S-Bahn-Bw Grünau übernahm die Baumuster 270 001 bis 270 008. Nach deren gründlicher Erprobung wurde die Konstruktion überarbeitet und 1987 eine Nullserie von acht Triebzügen gebaut (270 009 bis 270 025). Die Nullserie unterschied sich in einigen Baugruppen erheblich von den Baumustern. Erst 1990 begann die Serienfertigung der Baureihe 270. In vier Baulosen verließen insgesamt 158 leicht modifizierte Viertelzüge die Werkhallen in Hennigsdorf. Da die Baumuster mit den anderen Fahrzeugen nicht gemeinsam eingesetzt werden konnten, wurden sie 1991 ausgemustert.

Baureihen-Nr.	**270**
Baureihen-Nr. ab 1992	**485**
Achsfolge	**Bo'Bo'+2'2'**
Höchstgeschwindigkeit	**90 km/h**
Länge über Kupplung	**36.200 mm**
Raddurchmesser	**850 mm**
Radstand im Drehgestell	**2.500 mm**
Drehzapfenabstand	**12.300 mm**
Sitzplätze (2. Klasse)	**208**
Stehplätze	**494**
Stundenleistung	**600 kW**
Dauerleistung	**500 kW**
Dienstmasse	**114,0 t**

Baureihe 276 (ab 1992: BR 476/876)

Die elektrischen Triebwagen der Baureihe ET 165 trugen über Jahre hinweg die Hauptlast in der Zugförderung der Berliner S-Bahn. Im Hinblick auf einen längerfristigen Einsatz hatte die DR die Fahrzeuge nach dem Zweiten Weltkrieg umgebaut bzw. ab 1965 rekonstruieren lassen. Mitte der 1970er-Jahre sollte der ET 165 durch Neubau-Fahrzeuge ersetzt werden. Dies war jedoch nicht möglich, da die DR das Projekt »ET 170« (siehe S. 141) nicht weiterverfolgt hatte und die nächste Neukonstruktion erst ab 1980 erprobt wurde. Aus diesem Grund beschloss die Verwaltung der S-Bahn, ab 1979 die ehemalige Baureihe ET 165 im Raw Schöneweide zu modernisieren. Die als Baureihe 276 bezeichneten Umbau-Fahrzeuge unterschieden sich durch die geänderte Frontpartie von den Altbau-Triebwagen. Der Umbau ging nur sehr zögernd voran. Zum einen fehlten immer wieder Teile, zum anderen rechnete die DR mit einem Abbruch der Modernisierung durch die Beschaffung der Baureihe 270. 212 Viertelzüge wurden modernisiert. Die letzten Fahrzeuge schieden im Jahr 2000 aus dem Betriebsdienst aus.

Baureihen-Nr.	**ET 167**
Baureihen-Nr. ab 1970	**276**
Baureihen-Nr. ab 1992	**476**
Achsfolge	**Bo´Bo´+2´2´**
Höchstgeschwindigkeit	**80 km/h**
Länge über Kupplung	**35.460 mm**
Gesamtachsstand	**31.880 mm**
Raddurchmesser	**900 mm**
Radstand im Drehgestell	**2.500 mm**
Anfahrzugkraft	**72 kN**
Stundenleistung	**360 kW**
Dauerleistung	**252 kW**
Bauart des Antriebes	**Tatzlager**
Dienstmasse	**65,5 t**

Foto: Ralf Kutschke

Baureihe 277 (ab 1992: BR 477/877)

Ende der 1930er-Jahre gab die DRB für die Berliner S-Bahn 291 Viertelzüge der Baureihe ET 167 in Auftrag. Infolge des Zweiten Weltkrieges konnten jedoch zwischen 1938 und 1944 lediglich 72 Trieb- und 50 Beiwagen gebaut werden. Durch Kriegszerstörungen sowie Abgaben an die Sowjetunion und Polen verringerte sich der Bestand erheblich. 1965 begann die DR damit, die noch vorhandenen ET 167 im Raw Schöneweide zu modernisieren. Dazu gehörte u.a. der Einbau neuer gepolsterter Sitzbänke, einer Sifa und einer elektrischen Widerstandsheizung. Diese so genannten Reko-Züge erhielten ab 1970 die Betriebs-Nr. 277 001 bis 277 096. Auch in den 1970er-Jahren setzte die DR das Modernisierungsprogramm für die Baureihe 277 fort. Der Fortgang der Arbeiten verzögerte sich jedoch aufgrund fehlender Drehgestelle immer wieder. 15 Viertelzüge konnten daher letztlich nicht umgebaut werden. Die 204 Reko-Züge waren im S-Bahn-Bw Berlin-Grünau stationiert. Erst im Jahr 2003 hatte die ehemalige Baureihe 277 ihre Schuldigkeit getan und die letzten Fahrzeuge wurden aus dem Betriebsdienst abgezogen.

Baureihen-Nr.	**277**
Baureihen-Nr. ab 1970	**477**
Achsfolge	**Bo´Bo´+2´2´**
Höchstgeschwindigkeit	**80 km/h**
Länge über Kupplung	**35.460 mm**
Gesamtachsstand	**32.380 mm**
Raddurchmesser	**900 mm**
Radstand im Drehgestell	**2.500 mm**
Anfahrzugkraft	**72 kN**
Stundenleistung	**340 kW**
Dauerleistung	**252 kW**
Bauart des Antriebes	**Tatzlager**
Dienstmasse	**68,2 t**

Foto: The original uploader was Mä'ä at German Wikipedia. – Transferred from de.wikipedia to Commons., Public Domain, https://commons.wikimedia.org/w/index.php?curid=2046770

Baureihe 278.2 (bis 1970: ET 170)

Mit dem Ausbau des Streckennetzes der Berliner S-Bahn in den 1950er-Jahren benötigte die DR neue Triebwagen. Nach gründlichen Voruntersuchungen beschloss die DR, das Betriebskonzept mit Zuglängen von maximal rund 150 m (Drittelzüge mit verkürztem Mittelwagen oder Viertelzüge) beizubehalten. Die DR entschied sich bei dem gewünschten Neubau-Triebwagen für einen Vier-Wagen-Zug mit Jakobs-Drehgestellen. Dadurch sollten die Laufeigenschaften verbessert werden. Die elektrische Ausrüstung sollte im Wesentlichen mit der des ET 165 übereinstimmen. 1955 erhielt der LEW Hennigsdorf schließlich den Auftrag, die Baureihe ET 170 zu entwickeln. Auf der Leipziger Frühjahrsmesse 1959 wurde das Baumuster der Öffentlichkeit vorgestellt. Danach folgten bis Ende 1959 Messfahrten und Betriebserprobungen. Da sich die Baureihe ET 170 weder betrieblich noch technisch bewährte, verzichtete die DR auf die Serienproduktion. Der zweite Halbzug 170 003/004 wurde nach einer Instandsetzung noch von 1966 bis 1970 eingesetzt. Er wurde als letzter 1972 ausgemustert und anschließend verschrottet.

Baureihen-Nr.	ET 170
Baureihen-Nr. ab 1970	278.2
Achsfolge	Bo'2'Bo'+Bo'2'Bo'
Höchstgeschwindigkeit	90 km/h
Länge über Kupplung	74.680 mm
Gesamtachsstand	70.030 mm
Raddurchmesser	900 mm
Triebdrehgestellradsatzstand	2.700 mm
Laufdrehgestellradsatzstand	2.500 mm
Sitzplätze (2. Klasse)	224
Stehplätze	494
Anfahrzugkraft	275 kN
Stundenleistung	1.120 kW
Dauerleistung	920 kW
Bauart des Antriebes	Tatzlager
Dienstmasse	140,8 t
Achsfahrmasse	18,0 t

Foto: Thomas Rieger, Archiv Dirk Endisch

BEM	Bayerisches Museum Nördlingen
Bw	Bahnbetriebswerk
ČKD	Českomoravská Kolben Danek
ČSD	Tschechoslowakische Staatsbahnen
DB AG	Deutsche Bahn AG
DDR	Deutsche Demokratische Republik
Deutz	Gasmotorenfabrik Deutz AG; ab 1938: Klöckner-Humboldt-Deutz AG
DR	Deutsche Reichsbahn in der DDR
DRB	Deutsche Reichsbahn (1937 – 1945)
DWK	Deutsche Werke Kiel; später: Maschinenbau Kiel, Kiel-Friedrichsort
FVA	Fahrzeug-Versuchsanstalt Halle (Saale); ab 01.01.1960 VES-M Halle (Saale)
GR	Generalreparatur
HSB	Harzer Schmalspurbahnen GmbH
IfS	Institut für Schienenfahrzeuge Berlin Adlershof
IG	Interessengemeinschaft
Kaluga	Gleisbaumaschinenfabrik Kaluga
KJ I	Kleinbahnen des Kreises Jerichow I
LEW	VEB Lokomotivbau-Elektrotechnische Werke »Hans Beimler« Hennigsdorf
LKM	VEB Lokomotivbau »Karl Marx« Babelsberg
LOWA	Vereinigung Volkseigener Betriebe des Lokomotiv- und Waggonbaus (der DDR)
LVT	Leichtverbrennungstriebwagen
MAV	Ungarische Staatsbahnen
MEG	Mitteldeutsche Eisenbahn-Gesellschaft

Foto: Thomas Rieger, Archiv Dirk Endisch

MWM Motorenwerke Mannheim AG
O & K Orenstein & Koppel, Drewitz und Nowawes (bei Potsdam); ab 1938: Maschinenbau- und Bahnbedarfs-AG
ORT Oberleitungsrevisionstriebwagen
PKP Polnische Staatsbahnen
PNKA Indonesische Staatsbahn
Raw Reichsbahnausbesserungswerk
Rbd Reichsbahndirektion
RSN Kreisbahn Rathenow-Senzke-Nauen
RüKB Rügensche Kleinbahnen AG
SBZ sowjetische Besatzungszone
SDAG Sowjetisch-Deutsche Aktiengesellschaft; bis 20.12.1953: Staatliche Aktiengesellschaft (SAG)
SED Sozialistische Einheitspartei Deutschlands
SKL VEB Schwermaschinenbau-Kombinat »Karl Liebknecht« Magdeburg
SMAD Sowjetische Militäradministration in Deutschland
SNCF Nationalgesellschaft der französischen Eisenbahnen
SPK Staatliche Plankommission
TZA Technisches Zentralamt
VEB Volkseigener Betrieb
VES-M Versuchs- und Entwicklungsstelle der Maschinenwirtschaft Halle (Saale)
VT Verbrennungstriebwagen
ZEV Zentrale Energieversorgung

WEITERE INTERESSANTE BÜCHER ZUM THEMA

Loks und Triebwagen der SBB – Schweizerische Bundesbahnen seit 1902
Cyrill Seifert stellt alle Loks und Triebwagen der Schweizerischen Bundesbahnen (SBB) vor. Komprimiert beschreibt er dabei die Geschichte und Entwicklung der einzelnen Fahrzeuge, inklusive ihrer wichtigen technischen Daten und einem anschaulichen Foto.
144 Seiten, 130 Abb., 210 x 280 mm
ISBN 978-3-613-71647-6
€ 19,95 / € (A) 20,60

Loks und Triebwagen der ÖBB – Österreichische Bundesbahnen seit 1947
Roland Beier präsentiert alle Lokomotiven und Triebwagen der Österreichischen Bundesbahnen (ÖBB) mit neuen Fahrzeugen, bewährten Baureihen und erhaltenen Loks. Die wichtigsten technische Daten sowie ein Abkürzungsverzeichnis vervollständigen dieses Buch.
144 Seiten, 130 Abb., 210 x 280 mm
ISBN 978-3-613-71646-9
€ 19,95 / € (A) 20,60

Deutsche Dieselloks – Seit 1929
Dieses Buch bietet Informationen über Entwicklung, Geschichte und Einsatz der wichtigsten deutschen Dieselloks sowie ihre technischen Daten. Dabei werden importierte Maschinen genauso wie die für Privatbahnen entwickelten und produzierten Loks vorgestellt.
144 Seiten, 150 Abb., Format 170 x 240 mm
ISBN 978-3-613-71660-5
€ 19,95 / € (A) 20,60

Baureihe 120 – Revolution der Antriebstechnik
Die Entwicklung der Elektrolok der Baureihe 120 löste eine Revolution in der Antriebstechnik aus: Von nun nutzten neue Elektroloks fast ausschließlich die Drehstrom-Antriebstechnik. Karl-Gerhard Haas berichtet über Entwicklung, Bau und Geschichte der Baureihe.
176 Seiten, 300 Abb., Format 230 x 265 mm
ISBN 978-3-613-71616-2
€ 29,90 / € (A) 30,80

Leseproben zu allen Titeln auf unserer Internetseite

Stand August 2022
Änderungen in Preis und Lieferfähigkeit vorbehalten.

Überall, wo es Bücher gibt, oder unter
WWW.MOTORBUCH-VERSAND.DE
Service-Hotline: 0711 / 78 99 21 51

www.facebook.com/MotorbuchVerlag